KADOKAWA
幸も不幸も最適量
ナナオは立派なユーチューバー（藤原七瀬）

幸も不幸も最適量

◎まえがき

自分の娘がユーチューバーのエッセイ読んでたら、ちょっと失望するかも。


どうもユーチューバーのナナオです。

このたびKADOKAWA様より三冊目の本を出させていただく機会に恵まれ、誠に感謝しています。一冊目と二冊目は小説、三冊目に満を持してエッセイという形で書籍を出版させていただきました。

今にして思えば、僕はエッセイではなく、小説を出版するユーチューバーという形に、昔はこだわっていたように思える。動画でもユーチューバーのエッセイを「毛も生え揃ってない若造があっさい教訓をつらつらと」と馬鹿にしていたと思う。

しかしこの度ナナオ、恥ずかしげもなくエッセイを出させていただきます。

自分に返ってくる自分の言葉が、あまりにも鋭くてビビっています。
毛生え揃ってないわけじゃないの！　脱毛行ってるだけなの！　である。

どうして僕が大した人生を送ってない村人Pであるにもかかわらず、生意気にもエッセイを書くことを決めたのか、その理由は二つある。

一つ目は、楽しかったからだ。

僕は今までに小説を二冊出しているが、そのどちらもユーチューブを始めるより前、大学時代に書き溜めていたものを吐き出したものに近い。だから、ユーチューブを始めてから文章を書くということはあまりしていなかった。

ユーチューブを始めてから書いたまともな文章、それは一冊目、『雷轟《らいごう》と猫』のあとがきである。そのあとがきを書くことがとにかく僕は楽しかった。

物語ではなく、出版にあたっての自分の想いや本音を文章にすることが、僕は楽しかった。あるインタビューで、「ナナオさんにとって一番やりがいのあった仕事は？」と聞かれ、曇りなきまなこで「小説のあとがきです！」と答え、インタビュアーに

「あ?・」と言われたことがある。当然カットされていた。

それほど僕にとって自分自身の感じたこと、疑問を抱いたことなどを文字にする作業は楽しかったのだ。

二つ目は、影響を受ける側の責任をお前らは……失礼、テメエらは持つべきだと思ったからだ。

インフルエンサーなんて怪しげなカタカナが職業名として確立されつつあるこの混迷の時代において、僕はこんな言葉をよく聞く。

「自分の影響力を考えて発言しろ」

なんて情けないイチャモンだと思う。

影響を受けた分際でありながら妄信した自分を省みず、クソインフルエンサーに向かって「クソ!」と言う。不毛である。

もちろん人々に影響を与えてしまう職業だからこそ、その商材や表現の危険性は考えるべきだとは思う。しかし、インフルエンサーに免許や資格は必要ない。免許や資格を彼らが持っていないことを我々は承知の上で影響を受けている。

資格やエビデンスのない情報をシャットアウトすることは、この時代においてほぼ不可能である。

ある時、「蛙化現象」という言葉がバズり、ユーチューバーが一斉に蛙化現象あるあるの動画を出し、フードコートで席を探すためキョロキョロする男に大量の石が投げつけられた。

ある時、蛙化現象についての動画が炎上し、ユーチューバーは一斉に蛙化現象という言葉を口に出さなくなり、「私はフードコートでキョロキョロする男は逆に可愛いと思う」と聞いてもいないのに言いだした。

無資格のインフルエンサーによる「バズるから」という理由のみで発信される無責任な情報はこれからも濁流となって増え続けるだろう。

だからこそ、我々は影響力を持つ人間を非難するだけでなく、影響を受けるべき情報を吟味し、取捨選択する力を養う必要がある。

そんな時に読むべきエッセイ、それが本書である。

このエッセイを読んでみなさんに「このような教訓を得てほしい」という希望を込めた章は存在しない。ただ僕、ナナオの等身大の喜怒哀楽を綴っている。

不謹慎な内容だったり、偏屈な内容だったり、中には「明らかにお前間違えてるだろ」というような結論も詰まっている。

その僕の間違った結論に影響を受け、学校生活においてそれを踏襲し、案の定クラスで浮くようになった子が僕に「私ナナオの本のせいでハブられた！　自分の影響力を考えて発言しろ」とクレームを言ってきたらこう返す。

「影響されるお前が悪いんだバ〜〜〜カ」というのは冗談で。

僕はユーチューバーのエッセイを勝手にしょーもないと決めつけていたが、そのエッセイには、その著者にすら予想だにしなかった含蓄があるかもしれない。それを読み取れる人間に僕はなりたいと思う。

しょーもないエッセイを読んで「しょーもな」としか感想や解釈を持てない自分も、それはそれでしょーもない。

このエッセイはとにかく無責任に等身大のナナオを書いている。

時に、天使のアドバイスのように見えて、あなたを地獄のぼっち人生へ引きずり込む悪魔の囁きがあるかもしれない。

時に、「え、この話、もしかしてテキトーに二分で書いた？」みたいなところがあるかもしれない。

みなさんはこのエッセイから必要な情報を取捨選択したり、ひねくれた僕の結論を反面教師に別の解釈を持ったり、テキトーに二分で書かれた話を見つけ出すことができるだろうか（ありませんよ？　たぶん）。

この本が少しでも、世間にはびこるクソインフルエンサーの影響力に騙されない、強くて聡い人間を作るための材料になってほしい。

それだけが、私の望みです。

目次

ブックデザイン：森敬太（合同会社 飛ぶ教室）／DTP：米村緑（アジュール）／校正：鷗来堂
撮影：神藤剛／ヘアメイク：川島享子／撮影協力：中野区立緑野小学校

（第1章）ナナオは立派なユーチューバー兼小説家〈職業編〉

◎ユーチューバー兼小説家（笑）

僕は藤原七瀬というイケメンすぎるペンネームで、小説を二冊出させていただいている。

ですからしばしば、インタビューなどで僕のことを『ユーチューバー兼小説家』と紹介してもらえることがある。そんじょそこらの馬鹿みたいに辛いインスタント麺を貪り食いながら質問コーナーを開き、浅い回答でお茶を濁すユーチューバーとは違う格式の高さが出て（諸説あり）とても光栄に思っている。

が、正直僕は『ユーチューバー兼小説家』ではない。なぜなら僕が書いた二冊の小説は、どちらも僕がユーチューブを始める前の、授業やゼミに出席もバイトもしてない大学生、四捨五入せずともニートであった頃に書いたものであるからだ。

ユーチューブと並行して小説を書いていたわけではないのである。

加えて小説を出した理由もクソである。大学時代、僕はユーチューバーになったことを厳格な親に言えずにいた。まさか自分の子どもが「子どもになってほしくない職業ランキング第一位」の職に隠れてなってましたなんて爆弾、とてもじゃないが言えない。なら「書き物をしつつその合間をぬってユーチューブも少々やる文化人」だと偽装しよう。そこで僕は小説『雷轟と猫』を出版した。

ユーチューバーにも小説家にも顔向けできない男なのである。

しかし、ユーチューバーにつきものの悩み、「あんたセカンドキャリアどうすんねん」という議題が脳内で上がった際、僕は何になりたいんだろうと考えると一番に思いつくのが、こういった小説だったりエッセイだったりといった書き物をする職である。正直書き物が得意なわけでも好きなわけでもない。なりたい理由は単純である。

人間と関わりたくない。朝起きるのダルい。通勤電車で漏らしたくない。

だから僕は竈門炭治郎のような透き通った目で決意した。

ユーチューバー兼小説家になってやろうじゃないの！

しかし、二冊の小説を出しているのに、僕が胸を張って自分がユーチューバー兼小説家ですと言えない理由は他にもある。

それは僕がUUUM株式会社というきな臭い事務所に所属しているからだ。UUUMは所属ユーチューバーと企業様との直接のやりとりを危険視しているのか、必ず間に入ってくる。

このエッセイも過去二冊の小説も、KADOKAWAのF氏という敏腕女性編集者様が担当してくださっていますが、その方との連絡もすべてUUUMを通してしかできない。モンペかよ。

正直、何でもかんでもUUUMを間に通さなければならないこのシステムをダルいと思ったことは一度もない。むしろ僕の代わりに企業様とコミュニケーションをとってくれてありがたいくらいだ。

社会人もバイトもほぼ経験したことのない僕は、仕事のメールがとにかくわからないし、誰も共感してくれないと思うが「お世話になっております」とか「お疲れ様です」とかの文頭の挨拶を書くのが、なぜかめっちゃ恥ずかしくてできない。人間様がやってる当然のことを、自分のような喋る雑菌が真似しているところを見られるのが恥ずかしいのである。

恥ずかしさのせいで空回って、KADOKAWA様に謎の時候の挨拶とかしそうだし。

F氏へ
稲も豊かに実った晩秋の候、どうお過ごしでしょうか。
今月の締切ですが無理っぽいです。敬具。

こうなるに決まっている。
だからKADOKAWAと僕の間にでしゃばって入ってきてくれる大赤字株式会社、失礼、UUUM株式会社には本当に感謝している。
しかしそのせいで、僕は担当編集者の方と『雑談』というものをする機会が奪われるのである。

よくドラマとかで見るじゃないですか。作家と担当編集者の関係が編集という仕事の枠を超えて、もはや芸能マネージャーのようになっている関係性。そこで発生する、小説とはなんなのか、出版業界の今後、作家のゴシップなどを話すいわゆる担当編集者との雑談、それがまったくないのである。

そういった雑談で出版あるあるみたいなものを共通認識として出版社の方と共有していないと、何も知らずに小説を出す自分が何だか井の中の蛙になったような気まずさがあるのだ。違う言語で喋っているような歯痒さ。

僕は出版社様と仕事をするなら、出版社様と雑談を交わすことで同じ言語を習得し、そのうえで良いものを作っていきたい。

映画化が決まった際に、その主演イケメン俳優と原作者を横に並ばせた公開処刑のような記事を作って罪悪感はないのか。

担当している小説家より、編集の俺のほうが文章上手くね？　みたいな自意識はあるのか。

今まで担当した作家で一番うざかったやつは誰か。

そんな可愛い雑談を交わし、あるあるを共有し、言語を同じくしなければいつまでも僕は編集者さんに引け目を感じ、意見が言えず、良い作品作りを諦めてしまう。

どうでしょうF氏、今度何人かで飲みにいきませんか？

僕も嫌いなユーチューバーを言うので、F氏も担当した中で嫌いになった作家、ぜひ教えてください。ちなみに僕はビビるくらい口が軽いです。

ユーチューバー兼小説家を目指すにあたり、思うことがある。ユーチューバーがYahoo！ニュースで取り上げられた際のコメント欄によくこう書かれる。

本物の芸能人とユーチューバーの違いは一目瞭然、ユーチューバーは所詮素人。

ユーチューバーはなにかと、芸能人の真似事だったり、芸人のよく考えられたお笑いに及ばないお遊びだったりと、『本物だとされる何か』に届いてない素人という批判のされ方をする。

　正直ユーチューバーは芸能人に及ばないのか、そうじゃないのかなんて話はどうでもいい。そもそもユーチューバーがみんな芸能人になりたいと思っているわけでは決してないのだから。

　ただ僕は、「つくづくみんな、何かに届いてない人間を見て安心したいんだな〜」と思う。

　この国で家賃と税金を払うだけで精一杯の生活を送りながら、自分も何者かになりたいけどなれないし、というストレスから、自分と同じ素人（の金持ちバージョン）が本物へと成り上がる様を許さないのだと僕は思う。嫌味っぽくてごめん。


　そんな中、そもそも読書家でもなければ、通勤電車で下痢で漏らす可能性があるという理由で作家になることを、少年ジャンプの主人公のような曇りなきまなこで誓った僕は果たして本物になれるだろうか。

　どうか無惨戦を前にトイレに駆け込む竈門炭治郎を見るような優しい目で、僕の今後を見守っていてほしい。

◎恋愛に興味がない理由

恐れていたことが起きた。

このエッセイを書くにあたり、「ナナオさんの恋愛経験を書いてくれ」と言われてしまった。動画でも僕は自分のことをなんでも曝《さら》け出すスタイルでやっているが、恋愛に関してはあまり具体的なことを話したことはない。

童貞だから？　恋愛の話をするのが恥ずかしいから？

どちらでもない。

ただ僕は恋愛にとにかく興味がないのだ。

初めて付き合ったのは中二の頃。正直付き合ったと言っていいものではない。中学二年生のその時あたりから「付き合う」ということがブームになり、女子と付き合ってる男はスクールカーストが高く、女子と付き合ってる男だけのＬＩＮＥグループができ、そいつらだけのコミュニティが生まれた。

中学生時代、陽キャ界隈にも陰キャ界隈にも属せていなかった僕は、この「女子と付き合ってる男界隈」に入るしかないと思い、初めて女子と付き合った。

確かテニス部のS子ちゃん。彼女もまた僕と同じような考えだったのだと思う。「異性と付き合ってる」という属性を持つことで、女友達の中に居場所を作ろうとする子。僕は彼女のことをまったく好きじゃなかったし、彼女も僕のことを好きじゃなかった。友達を作るための仮の付き合い。ラノベかよ。

だからかその破綻しかない付き合いはお互いダルいと思い、一か月ほどで終わった。確か夏休みの夏期講習中だった。S子ちゃんから「別れよう」とメールがきて、僕はそれに「了解しました」とまるで仕事の返信のような文を送り、何事もなかったかのように、むしろスッキリした気持ちで勉強に戻った。

これが僕の初めてのお付き合い。手もつないでない。謎に一度センス悪い黒い運動靴をお揃いで買ったくらい。「恥っずー！」という気持ちも湧かないほど思い入れのないお揃いの靴だった。

僕が恋愛に興味がない理由を、この際いくつかまとめたいと思う。

一つ目の理由がまず、男友達ができないコンプレックスのせいである。

現在進行形で僕は恋人を作ることより友達を作ることのほうが難しい。S子ちゃんの時も、彼女を作りたいという気持ちより「彼女がいる男」という属性を使って男友達を作ろうとした。

男友達ができなかったからこそ、僕は人生で一番大切で一番大きいと思われる「好き」「守ってあげたい」という感情が湧く対象が、恋人ではなく友達なのだ。

二つ目の理由が、性行為に対する価値観である。

人類の方々にとっての性行為は「愛を育む行為」だと思うが（笑）、僕にとって性行為は「最低の行為」という認識である。

最低であればあるほど興奮するし、逆にやってみたくなる。だから僕は一度性行為をした人間ともう二度と会いたくなくなる。まるで犯罪の共犯になったような気持ち。

その人の顔を見ると自分の罪を思い出してしまい、賢者タイムになる。だから僕は好きな人と性行為をするのが大の苦手なのである。

三つ目の理由が、死ぬほど結婚したくないから。

自分の親を見てきたからでしょうか。僕の母はとても父に怯えていたし、父は母のことを呆れ尽くしていた。

父が家に帰ってきた瞬間に寝たふりをする母。母の適当な家事に怒鳴る父。帰宅したら家に両親がいなかった時の安心感、逆に両親がいた時の絶望感。

そんな居心地の悪さを経験したからか、僕は結婚が本当に嫌いだ。結婚するか死ぬか選べと言われたら、一日考えてしまうくらいには結婚したくない。恋愛のゴールが結婚と考えているわけではないが、この結婚大アンチの僕の人生に相手を巻き込んでしまうのは気が引ける。

四つ目の理由が、自分の人生における優先順位を乱されるのがストレス、である。

自分で書いといて僕も意味がわからないが、まあ簡単に言ってしまえば、ありきたりな「ルーティンを乱されるのが嫌」につながると思う。

人生で数人の女性と付き合ってきたが、付き合った瞬間に僕が一番に思うのが「どのくらいの頻度でLINEすればいいんだろう」である。

自由な生活だったのに、誰かと付き合った瞬間に「一定の頻度でそいつと会う必要性」「一定の頻度でそいつとLINEする必要性」そして恋人である以上「他の誰かより優先的に取り扱わなければならない」という、僕の人生になかった「ルール」が課される感じ。

大切にしたい、というより「他より優先的に大切にする必要性」みたいなものがとにかく僕を億劫にさせる。

頼まれごとをされるのってすごいストレスですよね。そのストレスが常にある感じ。自分だけの意思で決めていたはずの僕の人生の優先順位が、他人に乱される感じ。

あの友達という関係性では発生しない暗黙のルールみたいなものがとにかく苦手だ。

僕の人生なのだから、恋人より友達が好きでもいいじゃない。自由にさせてほしい。

最後の理由は、僕がユーチューバーという職業についてしまったことだ。

ユーチューバーになってから女性と付き合ったことがない。お金を取られるリスク、嫌な別れ方をしたら情報をＳＮＳに書き込まれるリスク。それらのリスクを冒してまで誰かと付き合いたいとは思わない。

これらの理由で、僕の人生において恋愛というものの重要性はとても低い。

しかし、恋愛に興味がない一方で、恋愛に激しい人を見ると、「そういう人間になりたかったな」と思う。とても思う。

好きな人に振り向いてもらうために努力して、結ばれた喜びで幸せホルモンを爆発させ、別れた悲しみに号泣している感情むき出しの姿を見ると、なんだか同じ人間として人生を謳歌しているなと思うし、真正面から人生を謳歌している素直な姿をかっこいいと思うし、僕の人生はなんてもったいないことをしてるんだろう、と思う。

ここまでの文章を読んで「共感〜私も人間関係切って楽になった〜」みたいなこと思ったそこのお前。これだけは言っておく。僕は恋愛に興味はないが、決して人間関係を諦めてはいない。

パートナーは必要ない。結婚がすべてじゃない。

傷つき、弱った人間にこういったアドバイスを送ることで、テレビタレントやインフルエンサーは共感とファンと大金を獲得できる時代だ。僕もそういった人間の一味に思えるかもしれないが、だからこそここでだけは言いたい。

どうか自分の心に素直になることに怯えたり恥じたりしないでほしい。共感なんてしなくてもいいし、されなくてもいい。傷ついた時、共感できることを言ってくれる他人がいることは安心できるかもしれないが、それは一種の封印に近いと思う。あなたの人生であなたらしく恋愛する時間、人生を謳歌する時間を封印する言葉。

一万年生きられると思って生きるな、的なことをどこかの皇帝が言っていた。我々の人生には封印されている時間などない。その辺のタレントやインフルエンサーによる「共感」という封印術が蔓延《はびこ》るこの時代だからこそ、どんなに傷ついても自分の感情、欲望に素直になることが大事だと思う。

僕は恋人の優先順位が低いし、性格というか、一種の性癖として恋人関係という形が受け付けられない。だからこそ毎度懲りず馬鹿な恋愛をして、馬鹿みたいに浮かれて、馬鹿みたいに傷ついてる人を見ると、僕もそうなりたかったなと思ってしまう。恋愛できる人が羨ましい。

僕は男友達関係で何度も傷ついて、何度も関係をリセットしてきたが、まだ男友達を作ることを諦めていない。

だから、恋愛に臆病になり、達観者ぶって格好つけて恋愛を避けている人はどうか、恋愛を諦めないでほしいと思う。

恋のエンジェル、ナナオでした。

◎読書はデトックス

僕は先人の知恵を信じない。
なぜなら「楽しい」と「楽《らく》」に同じ漢字をあてがったのだから。

趣味を聞かれると、僕は生意気に小説家ぶって「読書」なんてほざくことがあるのだが、正直「小説」というコンテンツが一番好きかと聞かれたらまったくそんなことはない。ユーチューブで炎上してるユーチューバーのコメント欄を見ているほうが楽しいし、ティックトックでアイドルの映像を見てるほうが全然楽しい。

小説は絵がないし、集中力がいるし長いしで、学校の授業中、五十分座り続けることもできない界隈の僕にとっては正直、相性が最悪なコンテンツである。
しかし、僕は読書をするようにしてる。読書キャラを維持するためでも、本から語彙力や知見みたいなものを獲得するためでもない。

僕にとって読書はデトックスである。

今、日本人は長い映画を見ることができないらしい。長いと集中力が続かないうえに、その最中に誰かから連絡が入っていたらどうしようと気が気じゃない、感情を揺さぶられるのがストレス、などが理由らしい。

僕自身もユーチューバーなので、そこらへんの日本人の変化をひしひしと感じている。

ただでさえ短いショート動画も、それが面白いか面白くないかは最初の二、三秒で判断されてしまい、その二、三秒がお気に召さなかったら次の動画へと縦スワイプされてしまう。バラエティ番組の視聴率は微妙なのに、そのバラエティ番組の切り抜きは鬼ほどバズる。

しかし、短いものに無理やり切り抜かれると、その前後の文脈が見えなくなり、その切り抜きだけで人格を決めつけられ炎上することが最近とても多く悲しい。

もう一つ、ユーチューバー的な観点で面白いのが、日本人は長い映画が見れないといった後で申し訳ないが、今のユーチューブはとにかく長い動画が伸びる。

一昔前はみんな平均して三分から五分の動画を作り、視聴者もそれを好んでいた。尺が八分になんてなろうものなら、もう「やべえ大作じゃん」って感じ。

しかし、今のユーチューブの尺は八分どころか十五分以上は当たり前。それより短い動画はなかなか伸びなくなっている。

あれ？　日本人も長い動画見れるじゃん。と思ったかもしれないが、きっと違う。長尺の動画が伸びる理由は、頭を使わずに見れるコンテンツを日本人が好んでいるからだ。伏線の考察とか、起承転結の結を盛り上げる前の転の展開への警戒心とか、そういうストレスはいらない、でも楽しみたい。

頭を使わずに、画面の中で鍋つつきながら笑い合ってるそのユーチューバーたちの一員になれたような気分。それが今求められている。

このスタイルを批判したいわけではない。むしろ僕自身、こういうユーチューバーの動画が好きだ。

僕は映画も好きだが、恋愛映画などを見ていると、なんだか交通事故をスローモーションで見させられているような気分になる。
「はいはい。最後の盛り上がりのために、このあと一回別れるんでしょ、はいはい」となる。

でも、ずっとこれを続けていると、なんだか脳みそが衰退している気がして怯える時がある。

考察のしがいがある良作と向き合う機会から逃げ、頭を使わないで笑える動画を長時間たれ流す。効率を考えているようで考えることから逃げているだけの生活。

この生活を続けた先に待っている自分の老後の脳みそが、ちょっと怖いのである。

この中毒から抜け出すために、僕はあえて読書をする。長く、考察しがいのある良作と向き合うという、現代社会からのデトックス。

僕は昔から、一番好きなもの以外はやる価値ねえと思うところがあった。

ポケモンが面白いと思ったら、もうそれ以外のゲームが眼中になくなったし、アイドルにハマったらアニメが眼中になくなったし、ユーチューブが好きになったらテレビが眼中になくなった。

今一番楽しいと思えるものに執着するところがあった。


しかし、これではダメだなと思った。さっきも言ったが、今の時代、面白いものが効率よく抽出され、切り抜かれて、楽して楽しめるコンテンツが量産されている。

単純な僕が、それを一番楽しいと思わないわけがないのである。

それにハマってしまうと、一生そこから抜け出せないのだ。

簡単に言うと、もうず〜〜〜〜っとティックトック見ちゃう。


楽しみが楽に手に入れられることに慣れてしまうと、生きることにおいて何も努力みたいなものができなくなってしまう気がする。

だからあえてそこで、一番好きなわけではない小説を読む。

楽して楽しむのではなく、ちょっと我慢して、我慢したからこそより楽しい。

楽して楽しいコンテンツ中毒からのデトックス、それが僕にとっての小説だ。

と、ここまで書いて思うことがある。

僕のように小説を、何かを得るため、もしくは何かから脱却するための「手段」として扱うのはどうなのだろう、と。

小説はデジタルデトックスの一環として扱われることが多いらしい。炎上したユーチューバーがデジタルデトックスのためとか言って小説を読み出し、その感想をデジタルのインスタに投稿する謎スパイラルを腐るほど見てきた。

スマホから離れ小説を読めば、少なからず俗世から離れられた気持ちになれるのだろうが、小説とはそのためだけにあるのだろうか。

「何かのため」に読むものなのだろうか。

小説にこのような効能ばかりを見出すのは、小説家の努力を無下《むげ》にしているなと思う時がある。

日本ではよく活字離れ、小説離れが進んでいると指摘され、その原因がスマホの普及などとされ、紙媒体の小説は売れなくなったと聞く。

しかし、こんな話をどこかで聞いたことがある。海外で小説はいまだに根強く人気なコンテンツだと。そしてその理由の一つは、紙媒体だけではなく、小説、活字を読む用の電子媒体が日本の何倍も普及しているからだと。

日本でそういった、活字を読むためのキンドルなどの電子媒体が普及しなかった理由は、小説にデジタルデトックス的な目的を持ちすぎて、電子媒体で読む小説に意味を見出せないからではないだろうか。

僕自身、小説をデジタルデトックスの一環として扱って、紙媒体で読むことにこだわっていたが、きっとデジタルデトックスとはまったく関係ないところで、深みのある何かを小説家は活字で表現している。皆、まずはそこに興味を持ってみないかと思う。

電子媒体であろうが、活字を追って読むという行為は、楽《らく》して楽しむことではない。良作に挑むように楽しむ行為であることに変わりないと思う。

デトックスとしてとか、紙媒体じゃないと、などとこだわらず、「あ、この小説のタイトル洒落てる〜」くらいの気持ちで小説を読んでみてもいいかもしれないですね。

小説関係の仕事、待ってます。

◎ユーチューバーナナオの野望

二〇二三年夏、UUUMが買収された。
所属する事務所が買収された、というのっぴきならなそうなニュースを聞いた僕の家族や視聴者は、「ナナオ、大丈夫？」とたくさん尋ねてきた。

めっちゃ大丈夫である。

いや、大丈夫じゃないかもしれないが、正直ユーチューバー個人とUUUMの業績はそこまで関係性がない。言い方を変えれば、UUUMがすこぶる順調でも僕のチャンネルの再生数が落ちれば僕は終わるし、終わった僕を助ける力は元々UUUMにはない。
ユーチューバー個人が今後も生きられるかどうか、にUUUMは関与していない。再生数が上がるのも落ちるのもユーチューバー次第。だからUUUMの株価が下がろうが、買収されようがされなかろうが、僕はあまり興味がない。UUUMにその所属するユーチューバーの再生回数をどうにかできる力は、元よりないのだから。

でも同時に、怖くなった。

あ、UUMがどんなに順調でも、UUMは僕らユーチューバーの終わった再生回数を助けることはできないんだな、ってことを、買収をきっかけに思い出させてくれた。

そう思うと、考えざるを得ない。ユーチューバーとして僕は、将来どうしていくか。元々ユーチューバーが好きな、ユーチューバーバー（この言葉が流通してるかは知らんが）であった僕は、セカンドキャリア（アパレルやコスメ、カラコン）に注力し、ユーチューブに全力を出さなくなったユーチューバーを見ると冷めてしまう。

それに、元々登録者数に執着はなかった。登録者数百万人までいきたいと思ったこともそんなにない。近年、ショート動画の流行から、登録者数ばかり多くて長尺の再生回数がその登録者数に見合ってない見すぼらしさを叩く風潮が出来上がってしまい、むしろ登録者数を増やすのがちょっと怖いくらいだ。

ずっとそう言ってきた。でも、ユーチューブの再生回数が落ちた時、その僕を助けられるのは僕自身だけであることに気づいてから考えが変わった。

登録者数百万人いくしかなくないか？

言いたくなかった。きっとユーチューブで僕はこの願いを言わない。登録者数にこだわっていないキャラだから。

でも、このエッセイを読んでくださってる、みなさんだけに言う。

僕は登録者数百万人いぎだい！

ナナオ・ロビンである。

僕はユーチューバーとしてセカンドキャリアを語りたくない。でもここでだけなら言っていいかなと思っている。

このエッセイを書くにあたって、ユーチューブの投稿がストップしてしまった。本業をおろそかにしてしまった罪悪感はあるが、同時に違う仕事をするために自由に動画を休止できるのがユーチューバーの強みなのかなとも思った。

せっかくユーチューバーなのだから、自由に本業をストップできる人生なのだから、できないと思っていたことに恥ずかしがらず挑戦してみようと思った。

ユーチューバーナナオの野望、その一。若手俳優の輪に潜り込む。

最初から「は？」って感じだが、僕は若手俳優が好きだ。仮面ライダー出身という共通点で仲良くなり、いつメンになってるあの若手俳優集団を見ると、「その一員になりたい！」と強く思う。

「え、最近亘《わたる》はどんな感じ？　大河出てるんだよね。忙しそ～」

「いやいや拳太郎のほうがドラマ忙しいでしょ？」

「幸平はオオカミちゃん楽しかった？」

この一員に僕はなるのだ。

コイツらとインスタライブやって、その画面録画がユーチューブに流出して「尊い」と言われたいのだ。

どうしたら友達になれるのか。僕も俳優になるか。いや、車力の巨人みたいな顔してるからそれは難しい。そもそも俳優はイメージが大事。こんな令和の時代に当然のように放送禁止用語を使う馬鹿と友達になること、きっと事務所が許さない。


そこで思いついた。小説である。

いつか映像化されるような小説を僕が書き、その主演に若手俳優の誰かが起用される。ユーチューバーとしてではなく原作者として、俳優どもの輪に潜りこむのだ。

僕はこれからも小説を書き続ける。若手俳優と友達になるために。


ユーチューバーナナオの野望、その二。金持ちのおじさんと人狼をやる。

みなさんは金持ちのおじさんが人狼好きであることをご存じだろうか。夜な夜ないろいろな業界の秀でた人間を自宅のタワマンに集め、酒を飲みながら人狼をする界隈。

僕はそこに紛れ込み、業界のゴシップを聴きあさりたい。

どうしたら紛れ込めるだろうか。ユーチューバーとして登録者数百万人までいけば

DMで誘ってもらえるのか、いや、最近登録者数百万人のユーチューバーなどザラにいる。

そこで思いついた。金持ちの娘を使おう。

僕の動画の視聴者は謎に九割が女性だ。「俺イケメンだったっけ？」と勘違いする時もあります。運がいいことに、その視聴者の中に大物の娘がいることがある。UUUMの社長の娘も僕の動画を見てくれていて、きっとそれがきっかけで、こんなペーペーなのにもかかわらず梅景社長と飯を食ったこともある。UUUMの親会社になったフリークアウトのお偉いさんの奥さんも、僕の視聴者らしい。

このように、視聴者に若い女性が多い以上、金持ちおじさんの娘が僕の視聴者ということがあるかもしれない。

どうかこのエッセイを読んでいるそこの金持ちの娘さん。お父さんに言ってくださ い。「ナナオを人狼に誘ってみて！」と。

ユーチューバーナナオの野望、その三。週刊誌に出る前のゴシップを入手する。

有名人が結婚を発表する時、その有名人と友達だったからという理由で発表前に知っていましたって、一度は言ってみたくない？

どうしたら先んじてゴシップを入手できるだろう。

そうだ俺が大物になって、僕そのものがゴシップになればいいんだ。


これらが僕の野望である。

他にも筋トレしてマッチョになってカルバン・クラインのパンツをチラ見せした上半身裸写真をインスタに載せたいとか、長野県長野市篠ノ井地区の観光大使を頼まれた挙句それを断りたいとか、匂わせで炎上してみたいとか、いろいろ野望があるが、並べれば並べるほど、自分って小さい人間だなと痛感する。

このような無粋で俗物な男ですが、これからも応援していただけると幸いです。


若手俳優とインスタライブして〜。

◎生まれ変われるとしたら何になる

男になんて生まれなきゃよかった。

もっと精神的にキャパのある人間に生まれたかった。

山本彩になりたかった。


みなさんは生まれ変わるとしたら何になりたいですか？　イケメンだったり美女だったり、金持ちだったり超能力者だったりだろうか。

僕は常々動画でも、自分は運がいいとか親ガチャ成功だとか言っているせいで、今の自分の人生に満足して、「ナナオとして生まれてよかった！」と感じているように思われるかもしれないが、まったくそんなことはない。

生まれ変われるなら……と考えない日は一日としてない。

もし僕が生まれ変われるとしたら。一番に思いつくことが、女の子として生まれることだ。

僕は今世において、男として生まれ、男にもかかわらず男の人が大概好きである趣味についていけず、女の子とばかり遊び、そのため男の人から奇異な目で見られるという経験があまりにも多かった。

女の人生が男よりイージーだなんて思っているわけではない。

でも僕はもし生まれ変われるなら、何があっても女の子になりたい。

女の子に生まれ変わって、野球観戦にユニフォーム着て参戦して、その時の写真に小顔修正かけてインスタに選手のタグつけて投稿して、そのタグに気づいた選手から「今度ご飯でも食べませんか？」とＤＭがきて、そこから恋が始まって、結婚して、管理栄養士の資格を取ったことをネットニュースにしてもらいたい。

このような女の子に生まれ変わったら、なぜか自分が美女になる前提で話すような愚かなキモ男のようなことを考えているわけでは決してない。

とにかく僕は女の子になりたい。

もう一つ生まれ変われるとしたら、単純に精神的キャパの大きい人間になりたい。僕はとにかくいっぱいいっぱいになりやすい。人間関係を意識するとそれ以外が手につかなくなったり、一日に予定が一つ以上あるともう僕にとっては多忙になる。たとえその予定が「美容院♪」とかであっても。その日美容院に行ったら僕にとってその日に動けるキャパがいっぱいになる。

キャパが狭いからか、高校生までは病みやすい人間だった。病んだ時、すごく人に迷惑をかける人間だった。僕が病んだことによって多くの人に迷惑をかけた経験から、大学生になって生活をするうえで、常に「病むわけにはいかない」ということを人生のテーマに掲げていた。

ユーチューバーになった理由もきっとこれだと思う。いろんなユーチューバーたちが「みんなに元気を届けたいからユーチューバーになった」と必死に嘘をついてるなか申し訳ないが、僕がユーチューバーになった理由は「病まないため」である。

苦手な人間関係をシャットアウトでき、お金ももらえて、承認欲求も満たせる。これ以上に理想的な職業は僕にはなかった。

二〇二三年十二月下旬、僕のユーチューブ投稿がストップした。なぜならこのエッセイの締切と、もう一つ、他の媒体での執筆活動の締切が被ってしまったためだ。

この時、僕のバディは「ナナオさんが今忙しすぎて大変だ」と心配してくれたが、正直に言うと、何も大変なことはなかった。いや、僕的には大変ではあったが、決して世間一般的に言う大変、では全然なかった。

どんなに締切が近くなろうと、毎日八時間以上は寝ていたし、毎晩ドラマを見ながら一時間半の晩酌という日課も続けていた。

僕は自分がどれくらい忙しくなるとキャパオーバーになるかを理解しているし、キャパオーバーになって病んだ時、さらに人に迷惑をかける人間になることを知っている。

仕事のために徹夜なんて絶対にしないいし、禁酒もしない。仕事をサボることより病んだ時のほうが迷惑をかけることを知っているから。

しかし今回、自分が病まないように舐めた仕事をしていたことで、バディをはじめ多くの人に心配と迷惑をかけた。そしてその罪の意識がさらに僕のキャパをいっぱいにして、なんと病みかけた。

なんかシンプルに……ゴミ人間じゃんと思った。生まれ変わりたいと思った。

もう一つ生まれ変われるとしたら、僕は山本彩になりたい。

詳しく言うと警察が動きそうなのでここでは書かないが、僕は生まれ変われるなら山本彩になりたい。

最後に、普通の子になりたい。

学校でも家でも浮いてきた。ほぼ「気持ち悪いな」的な意味で「変だね」「変わってるね」と、友達からも先生からも家族からも言われてきた。結構辛かった。

個性的に生きることが推奨されるこの時代。みんなが思い思いの、「個性的な自分」になろうとしている。変な服を着たり、髪色を変えたり、タトゥーを入れたり。

それらを否定するわけではないけど、普通の自分で戦っても勝てないからって、無理に変人ぶっていませんか？　逃げるように変人になろうと、個性的になろうとしていませんか？　そんなその場しのぎみたいな個性に未来はありますか？

個性を生かす、個性的に生きろというテーマが蔓延する今だからこそ、普通の自分を大切にしてほしいと思う。普通の自分を捨ててまで、変に個性的ぶって変人にならないでほしい。そんな仮初《かりそ》めの個性にきっと価値はない。

ポケモンに「フェアリータイプ」というタイプが出現した。それをきっかけに、今までノーマルタイプだったポケモンが何匹か、フェアリータイプに変化した。

非常に上手い例えが出てきて我ながら自分の才能が恐ろしい。

無理にノーマルタイプからドラゴンタイプになろうとするのではなく、本当はフェアリータイプであった自分に気づこう！

上手い！

（第２章）容姿もコミュ力もおーんだけど生きてる〈学校と友達作り編〉

◎ナナオ流友達作り

ナナオが天才になったのは高校生の頃。

中学生までの僕は、どちらかというと劣等生側の人間であった。

歩いて三分で着く小学校への登校途中に大便を漏らしたり、給食当番の時、給食の豚汁を鍋から直接オタマですすくいズベベと飲み始めたり、草むしりのつもりで抜いていたのが田植えしたばかりの稲で学校の田んぼを半壊させたり、ちょっと痩せれば自分は菊池風磨に似ているのでは、と妄想にふけったり。

時には先輩が書いてくれた感謝の手紙を面白いと思って破り捨てたら、先輩にめっちゃ泣かれて担任の先生に怒られたこともあった。

ではなぜ元来スティーブ・ジョブズ側の能力値を持っていた僕が、その才能を高校生まで発揮できなかったのか、それは、僕が自分の脳みそのキャパシティを全て「どうしたら男友達が作れるんだろう」という悩みに全ベットしていたからである。

僕は昔から「男友達」というものを作るのがあまり得意ではなかった。なぜ得意ではなかったのか、その理由はいくつかある。

一つは、僕の趣味がどちらかというと女性寄りであったから。ウルトラマンよりセーラームーンが好きだったし、サッカーよりおままごとが好きだったし、モー娘。よりジャニーズ（当時）が好きだった。AKBも好きだったが推しメンは女子高生のカリスマであった板野友美であった。この点でまずクラスの男子とは話が合わなかった。ムシキングの話なんてされようもんならもう悲鳴ものである。

男子ってなんであんなツノが生えたゴキブリが好きなの？

もう一つの理由が、僕自身が自分の男っぽさを受け入れられなかったことである。僕は中学三年生までずっと、一人称が「うち」であった。ギャルすぎ。ただこれは四つ上の姉の一人称が移ったというのもあるが、それ以上に僕は自分のことを「俺」と言うことがどうしてもできなかった。自分のことを「俺」と言う男っぽさには、磁石のN極とN極のようにどうしても反発してしまうような違和感があった。

同級生の男子を下の名前で呼び捨てにすることもできなかった。

マミコとかソノコとかの花の香りがしそうな女性名ではなく、タケシとかリョウとかの、漢字にしたらその成り立ちが古代の武器発祥っぽい名前をなんのオブラートもなしに発することが、どうしても気が引けた。

だから僕はずっと同級生の男子を君付けで呼んでいた。女性にはこの君付けがいかに男同士でATフィールドを強固にしてしまうのか伝わらないかもしれないが、多くの男友達はお互いを下の名前どころか一歩踏み外せばいじめにつながる暴力的なあだ名で呼び合ったりする。

僕の同級生には、乾燥わかめ（髪が薄かったから）、ブス（顔の造形が整っていなかったから）、デブ（太っていたから）など、他にもここで書くのははばかられるような、中学生ならではの残酷なあだ名を付けられた人がたくさんいた。

そんな凶暴なコミュニティの中に一人称「うち」で同級生のことを君付けで呼ぶ僕が入ったらどうなるよ。

嫌われはしなかった。でもどこか気を遣わせる存在になるのだ。

僕はずっとこの一人称「うち」と君付けを背負ったまま、どう友達を作るか、それのみを考える中学時代であった。そりゃ勉強する暇なんてござらんです。

中学二年生の時、中一の時から少し目をつけていた男子と同級生になった（この一文のキモさたるや）。

その子はN君といって頭も運動神経もよく、人当たりも柔和でありつつ、でも男子特有のやや攻撃的なあだ名を使い、距離感をグッと縮められる、僕が目指していた男だった。

どげんかして友達にならんといけん！

そう思った神奈川出身の僕は勉強をすることなく、N君と友達になる方法を考え続けた。あだ名で呼ぶ？　いや、僕のネーミングセンスは絶望的だ。N君はイケメンだったがほっぺに肉が多めだったため、僕は最初に「七福神の八人目っぽいな」と思った。「ねえそこの八人目！　友達にならない？」なんて言ったら即、お友達の毘沙門天（武神）にチクられてお陀仏である。

趣味の話はどうだろうか。N君はミスチルが好きだった。僕は小学生の時、ミスチルが主題歌を歌う「14才の母」のDVDを借りてきて母親を凍り付かせたことがある。このトークなら……いや、あのドラマをこんな低俗なネタに落とし込む人間と思われるのは癪である。

ああでもないこうでもないと思考を巡らせ、最終的に僕が行き着いた手段がこちらである。

窃盗。

僕はN君と友達になるために、N君に窃盗を働くことを決めたのである。

落ち着いてみんな、通報は待って。中学生の時の話、少年法が僕を守る。

決してN君の体操着を窃盗してクンカクンカすることが目的ではない。そんな趣味もなければ、なんなら僕はもっと建設的な男の子。

作戦はこうである。期末テストの朝、休み時間中にN君の筆箱から消しゴムをかっぱらう。予備の消しゴムなどがあったら元も子もないので筆箱のサブポケット的なところも注視し、消しゴムのかけらすらも盗みきるのがコツである。

そしてテストが始まる。すると隣の席のN君が慌て始めるのである。

「どうしたの？」と心配そうにN君を見つめるあたち。

そして「もしかして！」と何か閃いたかのように僕がN君にさっき盗みとった消しゴムを渡す。

「もしかしてこの消しゴムってN君の？　さっき床に落ちてたんだけど」

「あ、そう。それ俺の！　今なくてまじ焦ったぜ！　君名前なんだっけ？」

「ナナオです」

「ナナオ、君は俺の救世主だ。放課後、お茶でも行ってセーラームーンの推しについてでも語らないかい？　ちなみに俺は、ヴィーナス推し」

「ぜひ行きたいです！　僕はフィッシュ・アイ推しです！」

「おいそこ、うるさいぞ！」

「すみませーん。ったく、ナナオのせいで先生に怒られちまったじゃねえかよ」

「テヘッ」


これである。

理論に基づいた一分の隙もない完璧な作戦。これで僕はツノの生えたゴキブリの話に苦笑いをする生活に終止符を打ち、セーラームーントークで盛り上がる友達を作るのである。


作戦の日は訪れた。僕の頭の中のナナオ司令が「状況開始！」と叫んだ。テスト初日だということで朝から教室は賑わっていて、教室で消しゴムを盗むことは不可能であることを悟るナナオ二等兵。

ナナオ二等兵「司令！　教室に人が多すぎて、誰にも見られることなく目標から消しゴムを奪うことは困難だと思われます」
ナナオ司令「えーい！　こうなったら、その筆箱ごと盗んで一旦トイレの大便器に逃走だ！」
ナナオ二等兵「なんて大胆な！　一生ついていきます司令！」

僕はN君が乾燥わかめと談笑している隙をついて彼の筆箱を掴んで、ポケットに突っ込み、トイレへと逃走した。彼の筆箱は当時はやっていた、言葉では説明しにくいがあのどこまでもチャックが開くあれ。あれだよ！　同世代の子！　わかるでしょ！　あの永遠にチャックのあれ！
「あ、この筆箱使うタイプなんだ……」とちょっとN君に失望しかけたが、もう作戦はやめられない。賽は投げられたのだ。

僕は彼の筆箱から消しゴムとそのかけらまで盗みきり、そして教室へ戻り、スパイに向いてるかもと思えるような手捌きで筆箱を音一つ立てず元の場所に戻した。

先生が入って来た。号令が終わり、文房具のみとって筆箱を鞄にしまえと言われた時、隣の席のN君が慌てだした。

ナナオ二等兵「司令、あいつ慌ててやがるぜ。そろそろですか？」
ナナオ司令「落ちつけ。まだ引きつけろ」

たった五秒が何時間にも感じた。額には汗。手は爪が手のひらに食い込むほど強く握られていた。

その時！

N君「あ〜れ〜？　おかしいぞ〜」

ナナオ司令「今だ！　行け！」
ナナオ二等兵「了解！」

僕は消しゴムを探すN君に向かって手を差し伸べた。

「もしかしてこの消しゴム、君の？　さっき床に落ちてて」

「あ、そうそう、ありがと」

「どういたしまして……」

「…………………………………………………………」

「…………………………………………………………」

「…………………………………………………………」

先生「テスト開始！」

今すぐ返せ！　その僕の消しゴムを今すぐ返せ！

こうして僕の友達作りは失敗に終わった。

その後N君は某有名私大の付属高校に合格し、エスカレーター式でその大学へと行き、大手企業に就職した。

あの時、盗んだ消しゴムを返さなかったとしたら、友達になれなかったとしても彼のエリートコースの邪魔ぐらいはできたのではないかと後悔している。

その後、僕は地獄の男子校へと進学し、友達とかいらなくね？　と開き直った途端、偏差値がビビるくらい上がった。

この本を手に取ってくださったそこのあなた。「友達は宝」などという世のプロパガンダに流されず、一度友達すべてを諦めてみたら、あなたの隠れた才能が現れるかもしれませんよ？

ちなみに大学時代、人間関係を一度諦めた僕ですが、何を血迷ったのか男友達をまた作ろうとしたことがある。きっと寂しかったのだろう。

英語のクラスで隣だった「関係代名詞」という文法を知らないR君である。

英語のテストの日、僕は彼にまた似たような作戦を決行した。盗みはしないが唐突にプレゼントをあげて、そこから話を膨らませる作戦である。

その時僕がチョイスしたプレゼントが忘れもしない、ドンキで買ったインスタントの一蘭。

「ねえ君」

「ん？」

「一蘭って好き？」

「あ、まあ好きだけど」

「この前僕これ友達（いない）にもらっちゃって（買った）。でも僕ラーメンってあんま食べないからさ、もらってくれない？」

「え？　いいの！　ありがとう」

「どういたしまして」

「…………………………………………………」

「…………………………………………………」

「…………………………………………………」


今すぐ返せ！

◎一人称とプライド

僕は一人称を三刀流でやらせてもらっている。

「うち」「僕」「俺」の三つである。なぜ僕がどこぞのロロノア・ゾロのように三つもの一人称を扱えるようになったのか、その時系列を軽く説明する。

普通は、なんて言葉を使うご時世ではないかもしれないが、ほとんどの男子の一人称は大体幼い時から僕か俺ではないだろうか。

前述したように、僕の最初の一人称は「うち」であった。「さすがナナオさん!生まれながらにしてのギャルね!」と褒めてくれる人もいるだろうが、決してそんなみちょぱに顔向けできるような大層な理由や大義があって「うち」と言っていたわけではない。

単純に四つ上の姉の一人称が「うち」でそれが移ったからである。

しかしここで不思議なのが、僕には二つ上に兄がいて、その兄はずっと自分のことを「俺」と言う生粋の「俺」ユーザーであったのだ。
兄を真似るのではなく、僕は姉を真似る方がしっくりきていた。そこがきっと、僕が他の男子とちょっと違うかもしれないと気づくきっかけだったのかもしれない。

小学校まではほぼ「うち」を貫いていた。小学校高学年あたりから周りが僕の一人称がやや男子にしては珍しいことに気づき始めた。
小学校から中学校に上がるタイミングで「俺」に変えようかと思ったが、小学校の同級生もほぼみんな同じ中学校にそのまま行くので、あからさまに一人称を変えている僕を見られるのが恥ずかしかった。そこで、「うち」に加えて「俺」の進化前に当たる「僕」を一人称としてちりばめ始めた。

高校は地元が一緒の友人が誰もいない男子校に進学したため、思い切って「俺」に切り替えた。このような感じで僕は「うち」「僕」「俺」へと、ヒトカゲ、リザード、リザードンのように一人称を進化させていった。

進化という言葉を使って思ったが、やはり僕は決して「うち」という一人称を使うことにプライドを持っていたわけではないことがわかる。

みなさんの中学校にはいませんでしたか？　一人称が「俺」の女子。アニメの見過ぎか？　思春期を拗らせちゃってるのか？　一人称を女子にしては珍しい「俺」にして、常識からはみ出すことでしか自分の非凡さをアピールできない普通の子。そんなふうに僕は、一人称が「俺」の女子のことを心の中で馬鹿にしていた。自分の一人称が男子にしては珍しい「うち」であるにもかかわらず。

だけど大人になった今は思う。「うち」という一人称が好きだから「うち」なんて言っていたわけじゃない。あの一人称が「俺」だった女子もそうだったのではないか。もちろん「俺」という一人称が心から好きで、誇りを持って自称している子もいるだろう。ただ、「私」と言っている自分に違和感がある。だから他の一人称を求めたら「俺」ないしは「僕」などがあったから偶然拾った。

僕にとっての「うち」は完全にこれである。一人称が自分の性別にしては珍しいものだから、それを使って個性的になりたいなんて思ったことはない。ただ自分にとって違和感が強いものを捨てて、その穴を埋めるために拾ったもの。それが「うち」である。

兄よりも姉派であったからでも、倖田來未をリスペクトしていたからでもない。「趣味嗜好が女性寄りの男である自分」を表現するという目的を持って、「うち」と言ったことはない。ただそこに「うち」があったから拾っただけだ。

一人称が「うち」でいじめられたことはない。きっとない。ただ男友達には自然と距離を置かれていたんだなと振り返ると思う。

一人称「俺」という男らしさがない、だからきっと繊細な子なんだろうと思われていた。僕が実際繊細な子なのか、そうでないのかは自分でも正直わからないが、初対面で繊細な子だと定められ、他の男子と接し方を変えられる寂しさは辛かったのを覚えている。

男女問わずクラスの誰とでも明るく話せる太陽のような男子が、僕と二人になった時だけ黙ってしまう寂しさもとても辛かった（某旧ジャニーズの某SixTONESの某ジェシーを見るとその男子をなぜか思い出す）。

こういった経験から僕は「俺」という一人称の自分より「うち」という一人称の自分のほうが嫌いになっていった。だから「うち」を捨て、一瞬だけ「僕」を経て、すっと「俺」になった。本当にすっと切り変わった。「うち」という一人称に対するこだわりもプライドもない。その時のノリ次第だ。

日本にはなぜこんなにも多くの一人称があるのだろう。俺、僕、うち、私、拙者、小生、時には朕（これは古代中国か）。

「俺」が言えなかったから、たまたま言い出した「うち」。「うち」と言っている自分が嫌いになったから変わった「俺」。その変化の潤滑油として使った「僕」。

このどの一人称にもプライドやこだわりがあるわけではないが、青春時代の葛藤が詰まっているようで心温まる時がある。東京にいる時は「俺」だが、家族や地元の友達に会う時に僕の一人称は「うち」に戻る。なんかそれって……エモくなーい？

エッセイで「エモくなーい？」なんて有耶無耶な言葉使うやついるんだと、今自分にびっくりしている。

二十五歳にもなると「自分に合った一人称」「自分には違和感が生まれる一人称」がある文化を感慨深く思うことがある。だってアメリカなんて一人称Iだけだぜ？一人称の選択だけで自分の性別を表現したり、時にははみ出し者扱いされたり、はみ出し者になろうと必死になってる痛いやつだと思われたり。Iだけの国に生まれたら到底理解のできない文化であろう。

一人称が多くある国に生まれ、三つの一人称を渡り歩いてきたからこそ、人間としての成長が僕の中では確実にある。Iだけのほうが楽で、こんなに苦しむこともなかったのにと十代の時思っていたこともあった。でも一人称が多くある国だからこそ、悩んで今の僕がある。

一人称そのものにプライドはないが、一人称を変化させてきたからこそできた今のナナオという個性には、プライドを持ってみたいな、なんて思っている。

大学時代、日本のアニメ文化に触発されて一人称が「拙者」になった留学生がいた。そんな彼を見て「あ、イタタタタ、やめときな、いじめられるよ〜」なんて、うちは思ったりしていたのでした。

◎男性恐怖症スイッチ

僕は男の人が苦手だ。

どれくらい苦手かというと、自分の中の男っぽさにすら寒気がするほど、僕は男という存在の言動や臭気、生き様が苦手なのである。

中学生の時の体育祭、女子はダンスで男子は組体操であった。男が密集すると想像するだけでゲロを吐きそうだったのはもちろんだが、それに加えて僕はピラミッド的なものができた後に言う「押忍！」という掛け声がどうしても言えなかった。

祖父母の家がある長野の祭りで神輿をかつぐことになった時のリーダー風の男の「野郎ども！」という雄叫びも、「筋トレ」というワードから放たれる男臭さも、反吐が出るほど僕は苦手だった。

このような感じで、男文化に馴染めず、女子とばかり遊んでいた僕はある時、奇妙な能力に目覚めた。それが男性恐怖症スイッチである。

これは初対面の方やテレビに出ている男性タレントの雰囲気や言動から感じる僕なりの苦手意識、恐怖から、そいつが学生時代どんな人間だったかを推測する能力である。

ということで僕の男性恐怖症スイッチが働いてしまう人種を紹介していきたいと思う。


まずみなさんが「ナナオさんこういう人苦手だろうな」と想像するのはきっと、放課後ラウンドワンとか行っちゃう中学生で、公衆トイレの裏とかで童貞捨てる系の一軍陽キャ界隈であろう。

「いや、意外と僕、逆にこっち大丈夫なんだよね〜」とか言うと思った？　ごめんだけど普通に全然、あたぼーに嫌いです。

だが一軍陽キャ集団にも種類はある。

みなさんの学校にもいませんでした？　いつも女子の集団の中に一人いるヘニャヘ

ニャした男。それが小生なのですけれども。

そういう女子の集団の中にいる男を「キモい」とか「情けない」とか「媚びてる」みたいなふうに見る人種。自慢ではないがこういう人種は僕一瞬で見抜ける。

例を出そうとして、某人気男性アイドルの名前を書こうとしたが、ファンの方々に物理的に燃やされそうなのでやめておく。

例にならないと思うが、僕の一個前のマネージャーがこれにあたる。例にならないと思うが。

こういう女子軍団にいる男を見下す一軍男子の特徴として、飲みの場に男友達の彼女がくることを極端に嫌う習性がある。

わかる。男の飲み会に付いてくる彼女ってキツいよね。僕でもちょっとわかる。でも極端なのよ。もう一回来ただけで、その彼女を痛くてつまらなくて空気読めない爆弾として自分の人間関係の相関図からシャットアウトしちゃう感じ。

僕（酒カス）は飲み会に女がいないと「なんだ女いねえのかよ、ツマンネ」とか言う男が嫌いだが、「マジの飲み会には女いらねえ」みたいなこと言いだす男はもっと苦手である。

それが僕の一個前のマネージャーにはあったの！　マジで無理！

こういう行動原理の男が、女軍団とばかりいる僕のことを見下さないはずがないのである。


しかし、こういったTHE陽キャによる僕への見下し方並みに苦手な、僕の男性恐怖症スイッチを押す存在が他にもいる。

それは男子校の陰キャである。

僕は不登校ではあったが、一応男子校に通っていた身として言わせてもらうと、男子校にも陽キャと陰キャという概念はある。ただ、女子からの見られ方を気にする必要がある共学と違って、スクールカーストという形にはならないのだ。陽キャは陽キャで楽しみ、陰キャは陰キャで、特に序列を気にせず趣味の合う人間とだけのコミュニティを作る。

その男子校の陰キャの感じが、僕はちょっと苦手だった。

いじめの多い小中学校だったからか、僕はずっと序列を気にしていた。一軍の仲間になるためだったら嫌いなものも好きと言ったし、好きなものも嫌いだと貶した。

ただ男子校では、あ、コイツの陰気な雰囲気からして陽キャの言いなりかと思った子が陽キャからの誘いを当然のように断り、LINEのグループに当然のように入らず、陽キャからのツイッター（現エックス）のフォローにフォロバすることもしない。

男子校の陰キャは人間関係のために自分を殺すことをしないのである。それが僕にとっては衝撃で、そいつらからの視線は僕をとにかく忸怩たる思いにさせた。

いじめられないためにいじめっ子になったりする、陽キャになるために自分を殺しまくってる僕を憐れんだうえで切り捨ててるような視線。

こういう男子校の陰キャとは例えば誰か。偏見でしかないが、男の芸人さんにとても多い気がする。自分を殺さずに陰キャ人生を貫き、その時に沸々と煮えたぎらせた陽キャや、僕のようなスクールカーストの序列に必死こいてる人間への恨みを笑いに変えている。

僕はそれが一番怖い！

他に具体例を言えと言われればここだけの話、大先輩である某グループユーチューバーの方々を見ると、ちょっと僕はこっちの男性恐怖症スイッチが発動する。ここだけの話だよ！

僕はとにかく学生時代、こういった種類の男性から嫌われていた。

仕事やテレビを見ている時、僕のこの男性恐怖症スイッチが働く男が出てきた瞬間、学生時代のトラウマが蘇って萎縮してしまう。

しかし、このスイッチが働く人が心底憎いわけではない。好きと嫌いは紙一重と言いましょうか、きっと僕は元々、彼らとすごく友達になりたかったのだ。放課後にラウンドワンへ行く陽キャの輪の中に入りたかったし、自分を無理に殺さず、自分と趣味や性格が合う人とのみ交流する陰キャにも認めてほしかった。

この男性恐怖症スイッチの根底には「こういう男が苦手だ！」という気持ちよりも「こういう男と友達になれたらな」という強すぎる願望があったのだと思う。

その思いが強すぎて、空回りしてこうなってしまったのだ。

僕は友達になりたいなと思った人と友達になれた経験が一度もない。本当に一度もない。「え、ということはナナオさん。今ナナオさんと友達の男性は全員、ナナオさんが友達になりたいと思った人ではないってこと？」と言おうとした、人の揚げ足を取ることしか生き甲斐のないそこの君。

正直に言おう……ザッツライトである。

好きと嫌いは表裏一体。好きの反対は嫌いではなく無関心だとはよく言ったものである。

僕には今数人の男友達がいるが、その中で僕が友達になりたいと思って友達になった人は一人もいない。特に興味もない、なんならちょっと顔の造作とか喋り方とか見下してすらいた。いっときは、この子と友達だと思われるの嫌だな、スクールカースト上れないじゃん。とすら思ったこともあった。

だからこそ、無関心だからこそ気兼ねなく話せて、いつの間にか友達となっていた。今ではその友達の一人は僕にとってかけがえのない存在で、彼の結婚式のオープニングムービーを作る約束をするほどである。

動画で男性恐怖症スイッチの話をするとよく、「私もそういう男子嫌いー」「早々に縁を切るべし！」と反響をもらえるが、正直僕は、「そういう男子が嫌い」というより「そういう男子と友達になれない自分」のほうが嫌いである。

手が届かない存在、というのはつまり一度は手を伸ばしたということ。一度は友達になりたいと願った自分に蓋をして、彼らを敵扱いして苦手だ、嫌いだ、と言うのはどこかずるいような気がする。

僕はきっと今の記憶を持った状態で生まれ変わっても、傷ついた経験を生かさず、また男性恐怖症スイッチが働く人と友達になることを試みるだろう。

そしてきっとまた傷ついて、気づいたら横にいた友達の結婚式のオープニングムービーを作るのだ。

◎いじめとは

　このエッセイも盛り上がってきたところで一つ、学生時代に僕が受けた嫌がらせを紹介していきたいと思う。

　最初は小学五年生の時。僕の動画を見てくれている人はわかるかもしれないが、理科の時間に火のついたマッチを僕の腕に擦り付けて僕を燃やそうとした男がいた、容疑者Aである。

　僕はこの根性焼き事件を孫の代まで語り継ぐだろう。「おい聞け孫、おじいちゃんは小五の時、理科の授業中に燃やされかけたんだ」って感じで（「ナナオに孫とかできるわけないだろ」と思ったそこの君。背後に気をつけてください）。

　小五で根性焼きされた僕が「熱い！」と悲鳴をあげると、当時の担任の先生に「うるせえ！」と怒鳴られたのも、今ではいい思い出である。

この容疑者Aが、僕の人生で現れた初めての「いじめっ子」という存在であった。女子や家族と仲が良い男をダサいとし、生徒間の問題を先生に密告する俗に言う「チクり」は情けないものとし、仲間内の最下層の男の子から毎日金を奪ういじめっ子。

容疑者Aグループにおける僕のスクールカーストはそこまで低いものではなかった。家が放任主義で誰よりも柔軟にいつでもAと遊べたし、危険な遊びに挑む度胸もなぜかちょっとあった。

しかし事件は起きた。スクールカーストの最下層にいた子が金を取られていることがその子の親にバレ、グループを抜けたのだ。とても最悪な言い方をするが、その容疑者Aのグループにおける「いじめという刺激的なエンタメ」が、その子がグループから抜けることでなくなってしまった。そこで次のいじめの標的を決めるルーレットが回された。

鮮明に覚えている。公園で鬼ごっこをしていた。僕が鬼だった。そしてAを捕まえた。その時Aが「なかったことにしてくれ」と言った。ここで僕が言いなりになって

「はい、見逃します」なんて言ったら弱者であることの証明になってしまい、いじめの対象になると思った。そこで僕は「嫌だ」と言った。そして宣告された。

「は？　ウザ。次お前な」

ってな具合で、以降、罵詈雑言を浴びせられ、金品をせびられ、根性焼きまがいなことをされる日々が始まった。極道小学校である。

度胸試しみたいなもので、Aが道路の真ん中にセミの幼虫を置いてバスに轢かせたことがある。そしたらバスの運転手がバスから降りてきてブチギレた。

「誰がやったんだ！」

Aが僕の背中を押した。次の日にはセミの幼虫をバスに轢かせるのが趣味の子として、保護者や学校の教師たちの間に話が広まった。

誰も容疑者Aに歯向かうことができない空気は強まっていった。

しかし、容疑者Aの政権は意外なほどあっさり終わった。彼のいじめの標的が僕に集中することなく、仲間内にまばらな攻撃をするようになったのが原因か、「Aのこと、ぶっちゃけどう思う？」と口火を切ってくれる勇者が現れたのだ。僕の家からポケモンのゲームを盗んだB君である。ろくなヤツいねえな。

盗人ではあるが、A政権に対する疑問を最初に口に出してくれたことには感謝している。盗んだゲームも正直兄のものだったし。

次の日から誰もAと話すことはなくなった。Aは僕らの態度の変化を察し、特に抗うこともなくぼっちとなった。

暴君は消えた。この極道小学校に平和が訪れたのだ！　そう喜んでいたのも束の間、この世には質量保存の法則ってあるんだな～と思うくらい、容疑者Aの失脚によって減った「いじめという刺激的なエンタメ」を求める人間が新たに現れたのだ。

小学六年生の時に新たに生まれた暴君、C君である。彼は今までずっとAに怯える側にいたが、Aは失脚し、そしてC自身が成長期になり、クラスで一番の高身長になったことから、自分ももしかしてAのようなボスになって、虐げられる側ではなく、誰かを虐げる側になれるかもしれないと思ったのか、とにかくスクールカーストを作ることにハマり出した。お前はサッカーやってるから一軍、お前は女好きだから二軍、お前はアニメ趣味だから三軍、って感じで。

僕はCと学校から帰る方向が一緒だったが、スクールカーストを下に設定されたため、同じタイミングで帰ることを許されなかった。

そしてこの頃、東日本大震災が起きた。以降、安全のため同じ下校コースの人と集団下校をすることになった。そんな事態の時でも、スクールカーストが下の僕はそこに入れてもらえなかった。一人グループから離れて下校する僕を見て、協調性がないと担任の先生は僕を怒った。

彼らと一緒に登下校したいなんて思ったことは一度もないが、一緒に帰ってはいけないというルールを守るため、前にいる自称一軍の彼らがクスクス笑いながらこっちを見てくる中、一定の距離を保つため歩幅を調整しながら後ろを歩くのは本当に苦痛であった。

しかし、容疑者Cも暴君になりすぎてしまったのか、その政権もすぐに終わった。

一軍を自称していた連中が一斉にCをハブったからだ。それを教室の隅から見ていた僕は、ざまあ見ろという気持ちと同時に驚いたことがある。

クラスの大半が元いじめっ子のAとまた喋り始めたのだ。革命を起こしたB君も、一緒に彼に虐げられていた子も、ぎこちなくはあったが、まるで彼を許したかのようにコミュニケーションをとっていた。

元仲間内でAと卒業まで一言も喋らなかったのは僕だけであった。そして、この元いじめっ子といつまでも喋れない、という僕の特性が悲劇を起こしたのは中学の頃。


中学一年生の時、クラスに暴君が現れた。容疑者Dという、とにかく口が悪く、僕の家のパソコンでエロ動画を閲覧して自慰行為し、女子にモテてる男子を徹底的に虐げる男であった。当時陸上部であった僕は、Dの政権に反旗をひるがえそうと、僕の家からポケモンゲームを盗んだB君のように部活仲間を4~5人集め、口火を切った。

「正直D君のこと、どう思う?」

次の日その相談を盗み聞いていたE君が、僕の発言をDにチクり、美術の時間に唐突にDに胸ぐらを掴まれたのはいい思い出である。

彼の独裁もひどいものであった。しかし、その半年後、やはりDも容疑者Aや容疑者Cと変わらず、人を虐げる気持ち良さに酔ってしまったのか、行きすぎたのか政権は崩壊し、ぼっちになった。

容疑者Dに胸ぐらを摑まれ、クラスで一線から退いていた僕はその時、のちに学校最大のいじめっ子と化す男、オタ芸好き野球部のFと親友をやっていた。中一の時は違うクラスだったが、彼のヤンチャっぷりは僕のクラスでも轟いていた。恰幅もよくユーモアにも富み、そして人を虐げる刺激を好む攻撃性を持つ。

僕は放任主義な家庭で門限がないどころか無断外泊もし放題であったし、当時は少なかった、「Ａｍａｚｏｎを自分の家で自由に使って物を買える男」であった。この自由な僕はFの目にとまり、自他共に認める悪友となった。

しかし、類は友を呼ぶ、というのか、学年が上がるたびに彼の周りにはマジの悪友が増えていった。簡単に言うと学校にガチャピンのコスプレで来ちゃうような悪友である。「門限がないAmazon使い」でしかない僕は、いつの間にかパシリのような存在になっていた。

そして彼からの深夜の呼び出しをドタキャンした僕は翌日「ヤツ2号」というあだ名で呼ばれ、その日からハブられた。ちなみに「ヤツ1号」は僕の前にFについていけなくなった子である。

彼の学校での悪行を書くときっと卒論並みの文字数になると思うので省略するが、とりあえず言いたいのは彼の政権もその後破綻した、ということである。

あ、よかった。これで学校に平穏が訪れる、と思った時、僕は度肝を抜かれた。F政権を下した革命家の中に、僕の家のパソコンで自慰行為をしていた容疑者Dがいたのだ。

その頃のDはいじめっ子の片鱗はまったくなくなり、むしろいじられキャラのような愛嬌ある性格の人気者になっていた。彼を愛でる者の中には中一の時、彼にいじめられ、また彼の政権に疑問を持ち、ハブることを決めたメンバーが大勢いた。僕だけがいなかった。

Dの政権が崩壊してからどんなに時間が経っても、僕は彼が憎かったし、怖かった。だから許せず喋りかけることをしなかった。なのに周りは彼を許し、また一緒に笑い合っていた。許せなかった僕は、そのグループに入ることができず、卒業までずっとどこか浮いていた。

読者の方にも、こんな経験がある人がいるのではないだろうか。

大切なのは元いじめっ子を許すこと、なんて言いたくは絶対にない。

でも許せる人間は強いなとは思う。集団生活を上手く生きてる人は結局許せている人。許したふりができる人。許したふりして心では距離をとって、それで自分の中で落とし所をつけて次の人間関係にシフトできる人。

こういう人間が正解とか、強いとか、人生うまくいくとかは僕にはわからない。

ただ僕は、人は誰しも人間関係に悩み、臆病になったり不器用になったりするタイミングがあると思う。でも、それでもなお人間と関わることをやめない人間には憧れてしまう。

その後、高校で男子校に進学した僕は、友達を作ることを最初から諦めてしまった。被害者にならないために加害者になったり、被害者になったから加害者を一生憎み忘れなかったり。人間関係がそういうふうにゼロか百かになってしまう僕。だったらもう最初から全部いらない、と思った。

後悔はない。自分の心を守るベストな選択だったと今でも思っている。

でも時々、運動公園などで友達とランニングする高校生を見ると、目の奥がツーンとする。

◎世界一アクティブな不登校

どうも元不登校ナナオです。

不登校系のネタで多くの共感を集め、まあまあな額を稼がせていただきましたナナオです。

みなさんは不登校という言葉を聞いて、どのようなイメージを持つだろう。「いじめ」だったり「根暗」だったり「少年革命家」だったりだろうか。

僕はユーチューブで「元不登校」という肩書きを使い、学校での人間関係に悩む視聴者から相談を受け、「わかるよ~その気持ち~」と長い顎を縦に揺らして金を稼いでいましたが、正直「あ、マジでわからねえ」ってこともちらほらあった。

なぜ同じ不登校なのに、僕と視聴者で分かり合えない部分ができてしまったのか、それは僕が「不登校」をとてもポジティブに捉え、楽しんでいたからだろう。

僕が高校時代に不登校になった理由は、動画でも度々話しているのだが、「その高校に通っていることがバレるのが嫌だったから」である。

人間関係以前の問題。

僕は高校受験に失敗し、お坊ちゃん私立高校に通うことになった。それを当時つるんでいた人たちに明かすことがどうしてもできなかった。「自分中卒なんでいつでも呼んでくだせえ」なんて言って学校を休み、そいつらの元へ行くことも少なくなかった。

僕は、その高校での人間関係に悩むよりも前に不登校になったのである。

世間一般にネガティブなイメージのあるこの「不登校」は、僕にたくさんのポジティブな気づきをくれた。

一つが、「自分は勉強があまり嫌いではない」ということである。

小中時代の僕はあまり勉強のできる生徒ではなかった。両親が共に高学歴であったので、両親は僕の成績を見て「逆遺伝子の神秘……」とため息交じりに呟いたに違いない。僕自身も勉強が苦手な部類だと思っていた。

しかし不登校になり、人間関係をシャットアウトした瞬間に僕は勉強に身が入るようになり、自分は「勉強」が嫌いなのではなく、「良好な人間関係の構築と並行して行う勉強が嫌い」なだけであることに気づけた。

僕は運動神経は悪くないほうなのだが、「僕のこのパスは、相手に悪意として受け取られないだろうか。人間関係が悪化するかも」と思うと、途端に足が動かなくなってしまう。どうしたら友達を作れるんだろうという悩みに脳の糖分を使い切ってしまって、勉強にまで頭が回らなくなる。

つまり、僕という人間は、人間関係が絡むと一気に「何もできない子」になってしまうんだと、不登校になることで気がついた。

開き直りかもしれないが、僕にとっては一日を人間関係の悩みのみで終わる学校よりも、一人でいる時間のほうがよっぽど有意義だった。

もう一つ、僕が視聴者の悩みに共感しきれなかった理由がある。僕の視聴者は大体学校を休んだその日、外に出ることをしないらしい。

しかし同じ不登校であるはずの僕は、ちょっとしたインスタグラマーかしら？ってくらいアクティブに外に出た。「学校休んだ日にダラダラ見るヒルナンデス！に罪悪感」という不登校あるあるが僕にはわからなかった。ヒルナンデス！がやっている時間、僕は一人カラオケで乃木坂46を歌っていたのだから。あれは確か「太陽ノック」の時期か。

僕は学校を休んだ日、二度寝をしない。朝八時とかには家を出て、いろんな施設が開店する時間までタリーズで勉強し、カラオケに行って一人で乃木坂を歌って精密採点で六九点を叩き出し、ロフトに行って小洒落た雑貨を見て、「一人暮らししたら家にこれ置きたいな～」と妄想に耽り、ドンキの酒コーナーに行って「大学生になったらこの謎のウィスキーをベランダで氷の音をたてながら飲むんだ～」とまた妄想する。ゲーセンに行って当時はやっていたファイナルファンタジーのアーケードゲームに二千円ほど溶かし、二時間ほど散歩したのちにいきなり！ステーキで食って帰る。

ここまで書いてみて「これ有意義？　金を溶かしただけでは？」と自分自身、今疑問に思ったが、学校を休み、二度寝し、夕方四時とかに起きて、そのせいで夜寝られずに朝方に寝てまた学校を休む、というルーティンよりはよっぽど得るものがあるのではないだろうか、と思っていた。

僕はとにかく学校を休んだ日、外に出た。
ふと思い立ってその時見ていたドラマの聖地である江の島に行ってみたり、地元のドブ川が海につながってるのか気になり、チャリで半日くらいかけて下ってみたらなとみらいに着いてあらビックリなんてことも。

夜に5キロのダンベルを持って筋トレをしながら高校の周りを一周するちょっとした妖怪になったり、当時友達になりたかったクラスの子が東戸塚という駅の近くに住んでいるらしいことをツイートで知り、一人でそこへ行き、「あの子は毎朝この駅を通って高校に行ってるのか〜」なんて妄想するのも楽しかった。
ラグビー部で声のでかい男が死ぬほど怖かった時、その子の部活が終わるまで校門で待って、同じバス、同じ電車にバレないように乗って付いていき、彼の家を突き止めた（桜木町でした）時は、「お前の命握ってるからな？」という気持ちになれて、恐怖心を落ち着かせることができた。

僕の名前を呼び間違えた教師の帰り道にも付いていき、宮前平で一人、マックを食ってる姿を見た時は「独身の極みなり！」と感慨深い気持ちになり、次の日お野菜でも持って行こうと決意したが当然、次の日も休んだ。

不登校時代の悩みを教えてくれ、とよく大人にインタビューで聞かれるが、僕はあまり大人が期待する返答ができていないと思う。だって僕の不登校時代はとにかく楽しかったし、充実していたから。

学校を休んだら、校則として家にいなければいけないかもしれない。
でも、学校を休んだからってベッドの上で何も得られない一日を過ごせ、というのは絶対に違う。むしろ学校に行ってるやつらより多くの景色を見てやろうと思ったし、学校行ってるやつより勉強をして頭よくなってやろうと燃えた。

実際、いろんな景色を見たし、受験も成功できた。

学校でしか得られない経験があることや、親への迷惑など、正直指摘されれば言い返せない問題もある。僕に高校時代の友達が一人もいないのは事実だし、学費の高い私立高校だったので親に申し訳ないという気持ちは確かにあった。

でも、学校を休んだ日、申し訳ないという気持ちを表明するためにベッドで過ごすことが正解か？

世間一般にネガティブなイメージがある「不登校」というものに、自分自身がなってしまい、塞ぎ込んでいる子たちに言いたい。

不登校とはつまり自由に外に出られていろいろな景色が見れる状態のこと。
不登校とはつまり自分なりの勉強方法で勉学に励める状態のこと。

確かに罪悪感はあるかもしれないが、「罪悪感を抱いていますー」と思ってるだけでは親の負担が減るわけでも頭が良くなるわけでもない。

不登校だからこそ行動力！

さあ、今すぐベッドから出なさい！

ちなみに平日、学校がある時間に制服でママチャリに乗ってるとビビるくらい職質されます。

◎ナナオ、受験奮闘記

ユーチューブの視聴者層、ほぼＪＫで囲んでるナナオです。

時々「あたちイケメンアイドルだったっけ？」と錯覚するくらい、視聴者層が独特なナナオです。

時々ＵＵＵＭ社員に「僕の妻がナナオさんリスナーなんですよ」と言われると、嬉しい！　と思う反面、「ＵＵＵＭ社員、ＪＫと付き合ってたんだ」と失望することも少なくない。

「え？　最近の新世代ユーチューバーって、みんな応援してるのは女子高生ばっかなんだから、特別ナナオさんの視聴者層が独特ってことなくない？」と思ったそこの君、甘い。

僕の愛すべき視聴者はただ若いだけじゃない。

そう……トー横界隈っぽいのである。

視聴者全員が小池百合子都知事を苦しめてる界隈なわけではないし、こういった界隈のことを馬鹿にしてるわけでもない。ただ僕のリスナーには、こういった「多感」という言葉を擬人化したような女の子がとにかく多い。

そんな多感な世代をリスナーに持つ僕だからこそ、ここでいっちょ、僕にとって高校時代の「受験」とは何だったたか、について語ってみたいと思う。

何度か動画でも話していると思うので詳細は端折るが、僕の家はとんでもなく学歴厨の家系であった。僕が母体から排出された時、生まれたての僕に父がかけた言葉が「MARCHに学費は出さないよ～」であった。

そんな怖すぎる父から逃げるために頼った、教育に熱心でないぼーっとした母も、「私もMARCHは嫌いなのよね」と、無責任にドラマ「半沢直樹」を見ながら切り捨ててきた。

正直、この学歴厨の親と上の兄姉はぶつかっていたが、末っ子の洗脳されやすいタイプの僕は心のどこかで「このまま僕、早慶に行くんだろうな」とずっと漠然と思っていた。

上の兄姉がMARCHに行く許可を求めている中、僕だけが小学校から中学校に上がるようなテンションで早慶に行けるもんだと思っていた。

馬鹿みたいだが、この「早慶に行くもんなんだ」という意識が念頭にある僕はきっと、「大学どこ行くか〜、専門もいいかもな〜」と悩む時間がまったくなかったため、幸運なことに大学の受験勉強のスタートダッシュはできていたのだと思う。


僕の勉強方法はなんと言っても「ながら勉強」。ラジオや音楽を聴きながら永遠に勉強していた。よくない勉強方法だと「今でしょ！」の先生に説教をくらいそうだが、「この動画を見終わったら、電源切って勉強しよ」とケジメをつけるつもりが、いつまでも東海オンエアを見ることがやめられず、結局一秒も勉強しないで寝る日が多かった僕にとっては、ながらであろうが勉強する時間が一秒でもあるこっちのほうが偏差値を上げた。

ずっとAKBのオールナイトニッポンを聴きながら単語を覚え、スマホを横向きに置き、乃木坂のMVを見聞きしながら年号を覚えた。

偏差値が馬鹿上がりしてる時に乃木坂がMV集なるものを出して、ユーチューブに上がってるMVがすべてフルからショートバージョンになってしまった時は本当にショックだった。「無口なライオン」も、「羽根の記憶」もショートになってしまうことがあまりにも悲しくてユーチューブを垂れ流し続け、運営がMVをフルからショートに切り変える瞬間に立ち会ったのもいい思い出である。

タリーズで声出たもん。「あ、変わった！」って。

そして、受験のモチベが上がるコンテンツを見まくった。

僕が本格的に受験勉強を始めた高二の夏、「ビリギャル」が公開された。これは学年ビリのギャルが慶應に入るまでの映画で、そのギャルもまた僕と同じように、高二の夏から勉強を始めたため、一緒に勉強しているような気持ちになれて楽しかった。

また同じ時期に、乃木坂のドキュメンタリー映画が公開された。傷つきながら成長するアイドルを見て僕も頑張らなきゃと強く思った。とても単純。

カロリーメイトのCMもオススメである。満島ひかりが歌う「浪漫飛行」や「ファイト！」、そして夜中にカロリーメイトを食べながら勉強する子の映像を繰り返し流しながら、僕も悦に入って勉強した。

そして、定期試験を死ぬ気でやった。

受験に専念しだした子って、偏差値がわかる全範囲から出題される実力テストに注力するようになり、範囲が狭い定期テストを軽視するところありません？　僕は真逆だった。狭い範囲を死ぬ気でやった。死ぬ気でやったその定期テストの範囲が受験での強みになる。その強みの部分が、さらに次の範囲を理解しやすくする基盤になる。

そうして得意な部分と得意な部分を、つながリーヨ広がリーヨさせていくことが受験勉強なのではないだろうか。

定期試験を本気でやりすぎて、レベルの一番高いクラスに配属になってしまい、「不登校がこの貴重なクラスの席を奪うな」とちょっといじめられたのもいい思い出である。

そして、友達を諦めた。

僕はとにかく友人作りと勉強の両立ができなかった。だから友達なんてもういいやと思った。そしたら偏差値が上がった。

だからみんなも友達捨てれば？

と言おうとしたが、受験のために友人関係を切ると受験本番で性格が終わることがある。僕なのですけど。


家族からも友人関係からも逃げるために関西の同志社を受験し、その合格が発表され浮かれていた日、早稲田の法学部の受験があった。受験会場の教室まで行くとあらびっくり、高校で同じクラスのM君がいるじゃないですか。

不登校だと受験の時、同じ教室に同じクラスの子がいて気まずい、ってことよくあるので注意。

とは言っても、このM君は人当たりがよく、僕にも度々話しかけてくれるいい子だった。そのため受験の教室で僕を見つけた瞬間「あ、ナナオじゃん！」と、まるで戦友を見つけたような目をして近寄ってきてくれた。受験結果は今のところどんな感じか聞くと、どうやらMARCHもすべて不合格で浪人する可能性に怯えているようだった。

そこで僕は言った。

「俺も同志社受けて、その結果がさっき発表されたっぽいんだけど、スマホ充電切れちゃって見れてないんだよね。あ、そうだ！　M君のスマホで見せてよ」

合格していることはわかっていた。

しかしどうにかして僕はこのM君に大学受かった様を見せつけたくなった。M君は素直に調べてくれて、ナナオの受験番号を入力し、合格という文字が浮かび上がった。

それを見て僕は「まじかよ！　やったぜ！」と叫んだ。M君は笑顔を浮かべたまま黙って自分の席に戻った。

気持ちいいいいい！！！！！


こうなるよ！　受験のために人間関係切ると、こういう人間になるよ！

受験は退屈で孤独で辛いことかもしれないが、それもまた青春だったなとすごく思う。孤独だったけど、その受験当時に聞いていたラジオや音楽をこの歳になって聞くと、「これ聴きながら、この範囲を勉強してたな」とか思い出して少し胸が熱くなる。

受験当日、朝四時とかに起きて、ちょっと勉強した後、受験会場に何時間もかけて行ったあの朝。途中乗り換えで使った清澄白河という駅名、試験会場のあの独特の空気、試験が終わった後、駅に向かう途中で見えた東京スカイツリー、家に帰ると父に「どうだった?」と聞かれ、舌打ちだけして寝たことも僕にとって青春である。

受験での成功体験は僕に自己肯定感と、あと「これくらい頑張って当然」みたいなものを与えてくれた。

大学でグループワークなどをする際、これくらい頑張って当然かなと思っていた勉強量が、周りの子からしたら「え、そんな頑張るの?」と思われることがあった。受験に成功した当時の僕はこれくらい頑張って当然、と思えるラインが爆上がりし、難しいなと思うことがなかった。

これから受験に立ち向かう僕のリスナーへ。

受験は辛いけどそれも青春だと僕は思えたし、その成功体験がきっとあなたをもっと強い人間にしてくれるはず。

頑張って！

まあ僕、大学留年してるんですけどね。

早稲田も受かってないし。

はにゃ？

〈第3章〉

恵まれすぎて悲しいお気持ち

〈家族編〉

◎母と僕

余命半年と宣告された母親に、「歯列矯正したいんだ〜」と相談した男は、どこのどいつだ〜？

アタシだよォッ！

というわけでにしおかすみこが帰ってきたわけですが、ここで僕と今は亡き母との話を書いてみたいと思う。

僕の母は僕が高校二年生の時、ガンでなくなった。

初めて母がガンになったことを知ったのは、僕が小学六年生の頃。確か東京ビッグサイトで開催されていた少年ジャンプのイベントに友人たちと行っていた時、母が近くの病院にいるから帰りに来いと父から連絡があった。イベントで大盛り上がりの東京ビッグサイトとその病院は本当に驚くほど近かった。病院の名前は「がん研有明病院」。

病院の名前に「がん」と入っていたので、ことの重大さは小学生の僕にもすぐわかった。

その病院で僕は母と会ったのか、何か喋ったのかは何も覚えていないが、帰りに父と、母のお母さん（祖母）がとても暗く深刻な顔で「お母さんもう先が短いから。ちゃんとしなくちゃダメだ」と言われたのはよく覚えている。あ、お母さんもうすぐいなくなるかもしれない。母の死を緊迫感を持って感じた。

しかし、その母の死が近づく緊迫感を僕はすぐに忘れた。なぜなら母が、あまりにもいつも通りだったからだ。

大学生がビビるくらいの頻度でカップ麺を貪り食い、ロンドンハーツとアメトーーク！の下ネタ回を息子の前で平気で見て爆笑し、「嵐で結婚するならそうね……二宮君かな、いや好きなのは櫻井君なんだけど～櫻井君はファッションセンスが～」などと誰も聞いてないのにほざき倒し、掃除をすることを放棄し、その掃除をしない母に父親がしばしばブチギレる。ブチギレられた母が五分後、ゲームボーイカラーの電源を入れてカードヒーローを楽しむ。その母を見て三兄弟がやや軽蔑する。

何も変わらないナナオ一家の日常。

しかし、病状は深刻であったことは、母の体を見ればすぐわかった。

病院は何回も変わった。一度母が自分でネットで調べて行った民間の怪しい手術にも手を出していた（のちにその手術はやる意味がなく、むしろ母の体を弱らせただけであったことがわかった）。そして腸が詰まって機能しなくなり、人工肛門となった。母の病院が変わり、手術が行われ、身体が変わっていく度に僕は母の死が近づく怖さに震えた。

そして、すぐに忘れた。なぜなら母があまりにもいつも通りの母として帰ってくるからだ。

ＪＫもビビるくらいの頻度でマックを貪り食い、車のシートベルトが嫌いで何度も白バイとカーチェイスをし、父親が庭に植えたパンジーを雑草と間違えて踏み潰し、新世紀エヴァンゲリオンの綾波レイの全裸シーンが子どもの前で流れた瞬間、「子どもは見ちゃダメ！」と言いだし、「いやこれはダメなんかい！」と総ツッコミされ、何度も行っている父の長野県の実家への行き方をまったく覚えようとせず、そんな母の態度に車の中で父がブチギレる。ブチギレられた母が数分後いびきをかいて寝始める。その母を見て「はよ離婚しろ」と三兄弟がやや軽蔑する。

何も変わらないナナオ一家の日常。

だから僕は父親から「医者に言われた。お母さん、あと半年ももたないかも」と告げられても、いつも通り母と喋ることができたし、母が病気だから頑張らなければと気負うことなく、不登校を貫いた。そして終いには歯の矯正である。

その当時、僕はNMB48の元メンバー山本彩になることが夢であった（何言ってんの？　って思ったでしょうが、話がそれるので説明は省く）。とにかく高校二年生のナナオ少年は、山本彩になりたかったのだ。そのためにはこのゴボ口を治さなアカンやろ。

リビングのパソコンで世界の災害動画を楽しんでいた、余命あと半年にはまったく見えない母に僕は「歯列矯正したいんだ〜」と呑気に相談した。

母はとてもダルそうに「あんた別に歯並び汚くないじゃない」と言った。親的には汚くないかもしれないが山本彩的には大問題である。なんでこの問題の深刻さがわからないのお母さん！　僕の願いをダルそうにあしらう母に内心とても腹が立った。

その数週間後の深夜、母の腹部にとてつもない痛みが走り、深夜に救急車で運ばれた。そこからがとても早かった。病院にいた母はもう喋れなくなっていた。お見舞いに行く度にとてつもない速度で痩せ細っていき、そして亡くなった。

ガンとの闘病中、母が何を思っていたのか僕たちにはもうわからない。

元々感情の起伏が平坦な人であった。自分の興味のあるもの以外には本当に興味のない人であった。

苦しくないはずがない闘病中、母はいつも通りの母であった。その理由は、家族に心配をかけたくないからと痩せ我慢をしてくれていたからかもしれないし、最後まで自分の病気に興味を持てず、その深刻さを自覚しきれていなかったからかもしれない。

今現在、いや、母が亡くなったその当時、その瞬間も、僕は母の死に打ちひしがれることはなかった。それは母が、子どもたちの前ではあまりにも軽く生きていて、闘病の辛さ、暗さを家に持ってこなかったからだったように思える。

辛さをもっと共有してくれたら僕は、余命宣告をされた母に「歯列矯正したいんだ〜」などと無神経な悩みを言わずに済んだかもしれない。

でも共有されていたら、できることは何もない上に高校にもろくに行けていなかった僕は潰れてしまっていたかもしれない。

母の中で僕は不登校のナナオで止まっている。だから母は僕がユーチューバーになったことどころか、同志社大学に受かったことも知らない（母は京都や歴史好きであった）。

余命宣告をされた母に「歯列矯正したいんだ〜」と相談した僕、同志社に行った僕、ユーチューバーになった僕を、母は今天国でどう思っているだろう。

ナナオ、二十五歳。未だに歯の矯正はできていない。

◎ユーチューブドリーム

世間では、何も持たざる者であった若者がユーチューブでスターになり夢を叶えることを『ユーチューブドリーム』などと謳いますが、僕にも二つ、必ず叶えたいユーチューブドリームが恥ずかしながらある。

一つ目は、僕がユーチューバーとして成長し取材を受けるような日が来たら、インタビュアーとこのようなラリーをすることである。

インタビュアー「ナナオさんの好きな食べ物は何ですか？」
ナナオ「馬刺し、鶏刺し、イカ刺しです♡」
インタビュアー「逆に嫌いな食べ物は？」
ナナオ「お母さんが作ってくれたふわふわ卵焼きです♡」

これである。

嫌いな食べ物を聞かれた時、渾身のすまし顔で僕を産んでくれたお母さんの料理が「大嫌いです」と答えてインタビュアーを凍らせることが、僕のユーチューブドリームである。二つ目は佐藤勝利に会うことである。

この「子ガチャ」大失敗日本代表が！　と思ったことでしょうが、違う。これは僕なりの家族愛である。

僕の動画を見てくれている方はご存じかもしれませんが、僕の母はかなりエキセントリック専業主婦であった。「そのドラマの監督さんでした？」と思うくらい「半沢直樹」のドラマをひたすら見続け、飽きたかと思えばリビングにあるパソコンで「世界で起きた大災害」みたいな動画を眺めながら、みかんを食べているような人であった。

ナナオ母のエキセントリック伝説は語り尽くせない。

兄弟喧嘩で僕がボコボコに殴られて母に助けを求めたら、何故か優雅にお風呂に入り出したこともあった。

車を運転する際は、三回に一回のペースでシートベルトを締め忘れ、白バイ警官とカーチェイスをかましたりもした。

もういろいろおかしい。

特に「お母さん、ちょっとおかしいな」と思ったのが、料理に対するあまりの興味のなさである。

ちょくちょく動画でも話しているが、ナナオ母は「家事をしないスタイルの専業主婦」という生活様式を築いた第一人者である。

掃除機など持っているところはほぼ見たことないし、部屋が汚くて父にこっぴどく叱られた五分後に、ゲームボーイカラーという古代兵器のようなゲーム機でカードヒーローを嗜んでいる姿を見た時は恐怖すら覚えた。

ここまでの奔放っぷりを見ると、僕の母のことをまるで『大阪の母ちゃん』みたいな溌剌とした気の強い女性をみなさん思い浮かべるかもしれませんが、そんなことはないのである。そこが一番怖いところだ。

夫婦間の力関係は十対〇で父親の勝ちで、母は父にいつも怯えていた。

でも家事はしないの。

なんで？　子どもながらに本当に怖かった。父を恐れているにもかかわらず一向に自分の生活スタイルの改善をしない感じが、とにかく僕たち三兄弟に緊張感を走らせた。

こんなことは親に迷惑かけっぱなしであった子どもが言うことではないが、父にとって母といることの利点が本当に見つけられなかった。父が母と離婚しない理由がわからなかった。

ちょっとお母さん！　パフォーマンスでもいいから家事しなよ。存在意義をアピールしなよ！　じゃないとお父さん、お母さんのこと捨てるかもしれないよ！　そしたら僕たち子どもの生活も変わっちゃう！　怖いよ！

と僕は常に半泣きで思っていた。

もしかしたら子どもの僕には理解できない、父と母の絶対的な絆はあったのかもしれないが、幼き頃の僕にはどうしても両親が離婚待ったなしの危険な夫婦に見えていた。

親の離婚の可能性に怯えるナナオ少年を凍り付かせた事件がある。

全米を騒がせたナナオ家のあの事件、『きゅうりのヘタ混入事件』である。

仕事から帰ってきた父が母に夕食を求めた。「マジ？　今から作んの？」みたいな顔を母がしていたことは記憶している。

確か夜八時ごろ。渋るほどの時間だろうか。

どんな献立だったかは覚えていないが、確か初見で「犬の餌かな？」と思ったのは覚えている。

クタクタの父の目の前に「何か問題でも？」みたいな顔で犬の餌のような食事を並べる母。一家の大黒柱で、会社でも結構偉い役職についている父が、それを食べようとしてる絵面だけで、大地震が起きる前の初期微動のような緊張感が生まれたのを兄弟皆感じていた。

サラダに箸を伸ばした時、父の手が止まった。すると突然、そのサラダに手を突っ込み父が怒鳴った。

「きゅうりのヘタが入ってるじゃねえか！」

なんとサラダにきゅうりのヘタが混入していたのである。

サラダの中にきゅうりのヘタ部分が混入していて、父がブチギレた。仕事帰りの疲れとかこれまでの母の料理への不満とか、いろいろな積み重ねで溜まったストレスが、このきゅうりのヘタ混入事件で爆発したのである。

父はそのきゅうりのヘタを投げつけて怒鳴った。

「もっと美味い飯を作れ」とかではなく、「ちゃんとしてくれ！」みたいな切実な叫びだった気がする。

「日本の母親は頑張りすぎ！」という意見がよくバズるこの国、この時代にこんなエッセイを書くと、父がモラハラＤＶ男に映るかもしれない。料理も「作ってるだけで偉い」と僕の母を擁護する読者もいるかもしれないが、当事者の僕の感想で言わせてもらえば母はやはり、やや思いやりに欠けていたと思う。

「母に非がある！」なんて子どもが判断することではないが、「父があまりにも不憫だ」という感情で胸がいっぱいになってしまうのだ。それくらい母は、専業主婦にもかかわらず家事をしなかった。

怒る父を恐れ、ただヘラヘラしながら謝る母を見て「あ、一週間後には僕、苗字変わってるわ」と自分の生活が近々崩壊する恐怖に僕は震えた。

この本を手に取ってくださった、お子さんをお持ちの方々。できれば子どものいるところで夫婦喧嘩はしないでいただきたい。親が離婚したら自分の居場所がなくなる恐怖、すごいから。

「きゅうりのヘタ混入事件」の翌日、母に変化があった。

なんとあの「部屋を片付けろ！」と父に怒られた五分後にゲームを始めた母が、料理本を買ってきたのである。「あ、母もあの叱責にはさすがに反省したのか」と、子どもながら生意気にも思い、母の手料理の進化を期待した。

「お母さん、今日の夕食は何？」

キッチンに立つ母に僕がそう尋ねた時である。母が持つその料理本のタイトルを見て僕は愕然とした。

『3分クッキング』


あ、駄目だ。

マイマザー、反省の表明の料理を三分でクッキングしようとしてる。

いや、「毎日料理を作るのは母なのだから三分クッキングでもありがたく思えよ！」と読者の方々は胸糞が悪くなったかもしれないが、今までの母の料理と「ヘタ混入事件」の緊迫感を目の当たりにした当事者である僕から言わせてもらえば、あの母の行動はやはりどこかおかしい。真剣に家族の複雑性と向き合おうとしていない。

母は自分の空想の世界にある理想ばかりを生きて、現実の問題と真剣に向き合うことを心底ダルいと思っている。それはきっと三兄弟の共通認識であった。

料理本を買ってきたことは大きな変化なのかもしれないが……。怒られた次の日は反省の表明にちょっと背伸びしたりするもんじゃないの？　人間って、怖いの、もう。

そんな母は僕が高校二年生の時に天国へ召された。

母親が亡くなって子どもたちは寂しがっているだろう。もう一度家族の絆の大切さを思い出そうと、父は仕事に加えて毎日の食事を作るようになった。

ちなみに僕の父の料理の腕はほぼプロ級である。「その魚って素人のあなたが捌くの合法なの？」っていうような大魚を一人で捌いたりする。

でもですよ。母が亡くなって以降の食卓は、正直僕にとっては地獄だった。

料理は気合いの入った父特製のなんかすげえ質の高いやつ。そんな豪華な料理より僕にとっては母が作ってくれた魚臭いお湯（味噌汁）、豚肉をただ焼いたやつ、ヘタ入りのサラダのほうが百倍おいしかったように思える。

その理由はきっとこの二つだ。

一つ目、父は夕食を必ず家族揃ってから食べようとした。

それがとにかく地獄であった。正直、我々三兄弟、父が思っている以上に仲が悪いです。あと我々三兄弟、父が思っている以上に父が怖いです。父は母が亡くなるまで仕事漬けであったため、これまでの絶妙な家族の緊張感を知らない。

家族は無条件で仲が良く、テレビなんてつけずとも会話に花が咲くと思っていたのだろうが、家族の食卓はいつもアメリカとロシアも引くくらいの冷戦状態であった。


二つ目の理由。

料理が凝っている分、普通の家族がするような食事のルールを意識しないといけなくなったことである。

母との食事はあまりにもルールがなかった。礼儀もなかった。

家族は揃わなくてもいいし、特段感想を述べなくてもいい。最悪な話、まずかったら残しても何も言われなかった。

でも父の料理よりは喉を通った気がする。特段気合いが入ってない分、食べやすかったのかもしれない。

ルールがなかったから、あまり「いただきます」を言わなかったかもしれない。あまり「ごちそうさま」を言わなかったかもしれない。食材に対する感謝の気持ちも薄かったかもしれない。
いろいろ振り返ってみると教育の行き届いていない食卓ではあったかもしれないが、僕は母が作るそんな自由な食卓が大好きだった。

でもこれじゃあ父があまりにも不憫である。あんなに家族のために頑張ったのに、結局母の料理のほうが好き？　「いただきます」「ごちそうさま」を言うのがダルい？料理が出てくるのを当たり前だと思っているのか！　である。

だから僕は、母の料理を嫌いだと言おう。母の料理を通じて学んだ現実との向き合い方は、僕をこのようなエッセイを書くような息子に育てたのである。父への感謝を伝えるために母の料理を否定するという、謎の結論を出す男になってしまったのだ。

これが僕のユーチューブドリームである。

お父さん、あなたの料理も家族愛も大の苦手でしたが、感謝はしている。それを伝えられる機会がないので、僕は絶対にユーチューバーとして成長しインタビューを受ける。そして嫌いな食べ物は「お母さんが作ってくれたふわふわ卵焼きです♡」と答えることで、父への感謝を表現し続けるのだ。

あと絶対に佐藤勝利に会うのだ。

◎すげえタイミングで死んだ猫

ペットを「家族」と言う人間を見ると、違和感を覚えるのは僕がユーチューバーだからだろうか。散々見てきたあの「新しい家族ができました」というタイトルで蓋を開けてみたら、猫を飼いました、みたいなノリ。

ペットは果たして家族なのか。家族として扱うことが正しいのか、僕はいつも疑ってしまう。

ナナオ家は神奈川県川崎市に居を構える一軒家、母は家事をしないスタイルの専業主婦。高校から大学まで私立校に通う三兄弟。このような感じで我々家族はとにかく金がかかった。

そんな僕たち家族を、無償の愛をもって支えてくれた一家の大黒柱である父を僕はとても偉大に思っている。僕は子どもながらに「なんでお父さんはこの家族を捨てないんだろう。母親に弱みでも握られてるのかな?」と思うほど、とにかく僕ら家族は父の無償の愛に甘え、「恩を仇で返す」という言葉が生ぬるく聞こえるほど父が稼いで来た金を思う存分に浪費しまくった。

そんな家族愛溢れる父親ですから、家族はみんな父のことが大好きだとみなさん思うでしょう？

では僕の家族で、父に少しでも愛情を持っている人間を紹介しよう。

姉。

以上である。

皮肉な話ですよね。家族のために朝から晩まで働き、どんなに妻が家事をしなかろうが、どんなに子どもたちの成績が悪かろうが、愛をもって育て続けてくれた父のことが好きな家族は、今や姉のみなのである。

しかし、このエッセイを執筆させていただくにあたり、ナナオ家の過去を振り返るうちに、姉以外にもう一人、父のことを好きな家族がいたように思える。

それは、飼っていた猫のミーちゃんである。

この、命名にかかった時間が二秒に違いない猫は、確か僕が小三くらいの時、兄が拾ってきた猫である。そのつぶらな可愛らしい外見に惹かれ、父は即ミーちゃんを飼うことを許した。

余談だが、姉も犬を飼いたいと父に何年もねだっていた。「もし飼うことができたらこんな名前にするの！」と夢想に耽っていた姉だが、結局彼女の願いは叶わなかった。にもかかわらず、兄が拾ってきた猫はねだる工程もなしに即飼うことを許された。姉、かわいとー。

真っ白い体毛の子猫は本当に「雪の妖精さんや〜」と思えるほど可愛く、僕も一目惚れして撫でくりまわした。

その翌日、僕の顔面は惨敗したボクサーのように腫れ上がり、猫アレルギーであることが判明し、いかに一目惚れが愚かで当てにならないかを痛感した。

猫アレルギーが判明して以来、僕のミーちゃんに対する感情は無であった。好きでもないし嫌いなわけでもない（ごめん、ちょっと嫌い）。だから正直記憶もおぼろげで、雄だったか雌だったかも有耶無耶である。

ただ冬場にこたつの中へ足を入れた際、その中をミーちゃんが占領していて、侵入してきた僕の足を引っ掻きまくったこと。そのたびに「あ、自然に返したいかも」と思ったこと。時々冷蔵庫の上に全力ダッシュで上り、唸り出したかと思えばそのまま家中を壁ダッシュしたのちに洗濯機の上へと上りまた唸る、という奇行を繰り返すこと。そしてその奇行の原因が『発情期』ゆえであったこと。発情期の説明を子どもにすることを恐れた両親がこっそり後日動物病院へ連れて行き去勢しようとしたこと（あ、雄だったわ）。そして見事その病院から脱走し己のキンタマを守り抜いたこと。二日後「何か？」みたいな顔して自力で家に戻ってきて、アレルギーのない生活を謳歌していた僕を感嘆（うえ〜ん）させたことは覚えている。

あと去勢を目論んだ際に行った動物病院の診察券のミーちゃんの名前が「藤原ミーちゃんちゃんちゃん」と記載されていて「あ、早慶（両親の出身大学）も大したことねえな」と両親に対するリスペクトが薄れたこともついでに覚えている。

僕の家族でミーちゃんが好きだったのはきっと拾ってきた兄と父の二人のみであった。姉は犬派。弟はアレルギー。母は自分以外の生き物に興味がない（一番この人が謎）。

だからかミーちゃんは父によく懐いていた。父のタバコ臭い布団に潜り込んで一緒に寝ているのを見た時は「あ、この猫、嗅覚を手放しやがった」とミーちゃんを自然に返すことはもう不可能であることを痛感した。

ここまで読んでわかるように、僕はミーちゃんに関してロクな記憶がない。「夜更かしと猫アレルギーはお肌の大敵よ」とミーちゃんを避け続けていた僕は、同じ屋根の下で暮らしていたというのに関わり合いがあまりなかった。

そんな僕ではあるが、ミーちゃんに対して強烈に残っている印象がある。それがタイトルにあるように、「すげえタイミングで死んだな！」である。

ミーちゃんは僕が高校二年生の時、十数年ほどの寿命を全うし天国へと旅立った。ミーちゃんが亡くなった時、僕が最初に思った感想が恥ずかしながらこのタイトル、「すげえタイミングで死んだ猫」である。

僕が高校二年生の時、それはきっとナナオ家が一番大変な時期であったと思う。なぜなら、「家事をしないスタイルの専業主婦」という新たな生活スタイルを提唱し、世間を騒がせた僕の母が病魔に倒れた年だからである。

母の長い入院生活は家族に死の匂いを放ち続け、父の顔はずっと曇っていた。同時期に学歴厨の父と受験生の兄が大喧嘩した。兄は家を出て祖父母の家に住み始めた。母に次いで、また家から一人家族が消えた。

父の顔はさらに曇っていった。同時期に、人間の家族で唯一父とまともに喋れる姉が短期留学で海外へ行った。

また家から一人家族が消えた。

弟（小生である）は絶賛不登校。出席日数が足らず通知表はオール1となった。家に唯一いる弟（小生である）のせいで、父の顔はさらに曇った。

しかし父は家族のため働き続けてくれた。毎朝弟（小生である）より早く起き仕事へ行き、弟（小生である）が寝た後に仕事から帰って来た。

そんな父にトドメを刺すように、母が亡くなった。

妻を亡くし、兄は家出、弟（小生である）は不登校。

せめて父とまともに喋れる姉だけでもいればと思ったが、その姉は留学中。「こんなに頑張っている父に寄り添ってくれる人がいないなんて悲しいね」と元気に不登校を決め込んで町田をプラついている弟（小生である）は思い、そして「そうだ！　もう一人いるじゃん！　家族で父のことが好きな希望が」とミーちゃんのことを思いついた時である。

ミーちゃん、母が亡くなった数日後、普通に天に召される。

猫は死ぬ時、森などに消えて死体を見せない習性がある。ミーちゃんはその習性を母が亡くなった数日後に存分にかましたのである。

そこで僕が放った言葉がこれである。

すげえタイミングで死んだな！

よくあるじゃん。妻に先立たれ孤独になった老人に寄り添う老犬だか古時計だかみたいな話。妻に先立たれ子どもたちにも無視される父、そんな父の孤独を埋めるように、ミーちゃんは父の布団の中に、今日も潜るのでした、みたいな物語を期待するじゃないですか。

妻が亡くなり、大金をかけて育てた子どもたちにも嫌われ、父の孤独が最高潮に達したタイミング、その時。

ミーちゃんは普通に死んだ。

日本人が見習うべきゴーイングマイウェイである。
いや、死ぬタイミング考えろよ、なんて人間のエゴは絶対に言えないし、そもそも寿命なんて操作できるわけがないのもわかっている。ただ思ってしまうのです。

「すげえタイミングで死んだな！」

その時の父の孤独を考えると罪悪感でご飯が食べられなくなるので僕は考えないようにしている。
しかし三兄弟も大人になり、大金かけて大学まで行かせた弟（小生である）が『子どもになってほしくない職業ランキング第一位』のユーチューバーになるという爆弾にもギリ耐えた父と酒を酌み交わす時、ミーちゃんの話になることがある。

父「ミーちゃん可愛かったよな」
ナナオ「誰それ？」
父「猫だよ。川崎で飼ってた猫」

ナナオ「あ〜。あのすげえタイミングで死んだ猫ね」
父「……」
ナナオ「飲みましょうお父さん！」

いたたまれねえよ！

今ミーちゃんは天国で僕たち家族のことをどう思っているだろう。何をしているだろう。
「天国にいる猫、全員去勢されててウケる。うち去勢されかけたけど、全然逃走したからね〜」と自身のキンタマを使って天国でマウントとっていたとしたら、ミーちゃんはれっきとした我々の家族である。

◎泥酔クッキング殺人事件

ある日、家に使徒が来た。おばあちゃんである。

不定期に、僕がアレルギーだと何度も言ってるきゅうりやモヤシを持参し、「私のだったら食べれるわよ〜」と食わせてくるおばあちゃん。そんな、愛する孫の健康を気遣っているのか、一族の恥っぽい職業の男を暗殺しようとしているのか不明の老婆を、僕は使徒と呼んでいる。

使徒ことおばあちゃんは、僕の家に来ると掃除をしたがる。とてもおばあちゃんである。しかしその日、使徒はあることに気づき、呆れるように僕に言った。

「何この家、台拭きが一枚もないじゃない。本当に生活力のない子ね、情けない」


クソババアが！！！！！！

使徒のこの一言で、僕がなぜここまでブチギレたのか、それは使徒が来襲する前日の出来事である。

その日僕は、優雅に酒を飲みながら料理を作っていた。

僕の動画を見てくれている人なら、この一文だけで恐怖を覚えただろう。僕はなぜか、とても料理が下手だ。そんじょそこらのアニメのギャグシーン並みの料理を、僕はプライベートで作ることがある。

桜餅を作ろうとしたら臓物を生み出し、ダルゴナコーヒーを作ろうとしたら不死の薬を生み出し、そばを茹でたらクッキーが出来上がったり、天ぷらを作ろうとしたらエビフライになった。

おにぎりの中に生魚ぶち込んだ時には、視聴者から「どこで育った？」と本気で心配された。それくらい僕は料理が苦手だ。動画を面白くしようと下手な料理を作る先輩ユーチューバーを見ると虫唾が走るくらい、僕は料理が苦手だ。

なぜ僕がこんなにも料理が苦手なのか、それは僕の注意力が散漫だったり、すべき工程の優先順位を考えているとパニックになってしまう元来の性格に由来するところもあるだろうが、何よりも僕は「料理」という作業を少し恥ずかしいことだと思ってしまうところがある。

急だが、僕には「あ、こいつと友達になるのダルいかも」と一瞬でどん引いてしまう人間の言動がいくつかある。

その一つが、「食欲と性欲が同じに思えるんだよね～」とかぬかす人間である。

食欲と性欲を同一視し、「性行為をしてるところより、ものを食べてるところを見られることのほうが恥ずかしいと思うんだよね～」とかほざき出す人を何人か見たことがあるが、彼らを見るたび「もうええて」と見下していた。

自分がものを食べている姿の醜さを恥じて、でもその恥ずかしいと思っている自分を誰にも悟られないように、わざわざ「食欲と性欲は同じで～ピロピロ～」とか大仰な理由を挙げて「訳あり感」を出している様を見ると、「誰もおめえのことなんてそんな見てねえよ」とハリセンでぶん殴りたくなる。

しかし、ずっと馬鹿にしていたこの「性行為を見られているような恥ずかしさ」が、僕にもあることが最近わかった。それが料理である。

自分の欲求を満たすものを器具を使って作っている姿が、僕はどうしても欲望に忠実な生き物に成り下がったかのような気分になり、恥ずかしくなってしまう。だからあえて適当なことをする。手を抜いて、自分は自分の欲求を満たすことに大雑把ですよ〜みたいな感じで料理をする。

だから下手になる。これが僕の惨憺《さんたん》たる結果になる料理の原因である。

ちなみに長々と語ってますが、この料理下手話は本題とは一切関係ありません。

とにかく僕は料理が下手だし、恥ずかしい行為だと思ってしまうので、それを誤魔化すために、下手にもかかわらずキッチンドリンカーである。そしてこの飲酒が原因で、のちに使徒ことおばあちゃんを殺しかけることになる。

その日も僕はスト缶を開けながら豚肉をこねくり回していた。時間は深夜三時。ユーチューバーすぎる謎の生活習慣である。

鍋にサラダ油をぶっかけ、飲み、豚肉をぶん投げて、飲み、醤油とみりんと酒を適量入れて、飲んだ。料理に「生姜という小洒落た工夫」みたいなものを入れるのは、「性行為中に電マ使うんだ」みたいに思われる感覚に襲われるため、僕は豚の生姜焼きに生姜を入れない。鶏肉と豚肉の区別もつかないバカ舌のため問題はない。

「キャベツを洗う」という行為は、「あ、ヤる前にシーツ伸ばすタイプなんだ」みたいに思われる感覚に襲われるため、僕は野菜を洗わない（洗いましょうね）。

洗ってないキャベツを千切りにし、飲み、皿に盛り付けて、飲み、焼き上がった豚の生姜焼き（生姜抜き）を盛り付けて飲んだ。

スト缶からビールに切り替えて（僕はサワー系の後、ビールに切り替えられるタイプの強い子）、早朝四時に生姜焼きを貪り食った。あまりのおいしさに生姜がこの世にはいらないことを確信した。

その時である！

翌日の（実質今日）の予定は何かとスケジュール帳を見ると、なんとその時、使徒（おばあちゃん）が来襲することになっていた。

来襲を予告するタイプの使徒「ババエル」。

まずいと思いあたりを見渡すと、そこにはゴミ屋敷。事務所から送られてきた段ボールやら食いかけのパンやらが広がっており、「こうしちゃいられん！」と僕（泥酔）は早朝四時に掃除を開始した。

まず掃除しなければいけないのがキッチンである。僕は基本的に洗い物をしない。料理を作ろうかなと思った日に使う分の食器を洗う、というスタイル。そのため水回りはゴミが詰まり水が流れず、常にドブのような汚水が溜まっている状態である。

幸運なことに僕はアレルギー性鼻炎で臭いがあまりわからないという個性があるため、その「汚水のある生活」にすぐ適応した。「短所は長所」とはよく言ったものである。

しかしおばあちゃんがこの惨状を見るとショック死すると思われるので、僕はさらにスト缶を一本空けながら死ぬ気で掃除をした。料理しながら酒を飲む人のことをキッチンドリンカーと言うのなら、掃除しながら酒飲む人のことをなんて言うのだろう。

ゴミの詰まった排水口の中は「新たな生命生まれそー」と感動するくらいには汚く、泥酔していないと掃除できないほどであった。

キッチンの掃除が終わると、次に段ボールやらいらん雑貨やらを物置にぶん投げる。「この部屋は仕事部屋だから入っちゃダメ」と言えばおばあちゃんは入らない。ユーチューバーに仕事部屋なんてあるわけねえだろ、なんて思いつつ。

掃除しすぎてしまうとおばあちゃんが家に来た時することがないので、ある程度ゴミを残しておくことも忘れない。究極の孫である。


時間はいつの間にか朝八時になっていた。ババエル来襲は十二時。最後にドブの臭いを消すため消臭スプレーを振りまけば終わりである。僕は消臭スプレーを持って玄関へ行き、そこで妖精の気分になりながらスプレーを振りまいた。床にも壁にも大量に振りまき、よし寝ようと寝室へ行こうとした時である。

僕は盛大にすっ転んだ。

運動神経がないせいでも、泥酔していたせいでもない。いや、泥酔していたせいだ。なんと酒で目が回っていた僕が振りまいていた消臭スプレーは、スプレータイプの食器用洗剤だったのである。

慌てて僕はキッチンへ戻り、スポンジに水を含ませ玄関へ走る。そして床を侵食する食器用洗剤を一心不乱にゴシゴシした。そしたらである！　水を含んだスポンジはさらに食器用洗剤を泡立たせたのである。頭が悪い。大学名を一生言うな。

スポンジのせいで泡立った僕の家の玄関、廊下はまともに立つこともできないほどヌメヌメになった。底辺ユーチューバーに「ローション相撲できるよ」と提供できるくらいにはヌメヌメになった。

このままではまずい。このローション相撲できる玄関に、老い先短いおばあちゃんを入れてしまったら、速攻ですっ転び落命、僕は食器用洗剤を巧妙に使ったトリック殺人犯としてお縄である。

どうしたらこのヌメヌメが取れるのか。スト缶を飲みながら考えた僕は思いつく。

乾いた布で拭き取ろう！

さすが同志社大学卒である。僕は食器用洗剤に水が含まれたスポンジを当てると泡立ってしまうという科学を発見し、乾いた布で拭きとることを思いついた。そんな同志社卒ナナオはおもむろに着ていたTシャツを脱ぎ、そのTシャツで床を擦った。

「取れる……取れるぞ！」

感動した。そして二秒後思った。

「台拭きでよくね？」

同志社卒ナナオは何故か無駄に一枚のTシャツを犠牲にしたのち、家中にある台拭きをかき集めた。それらで床のヌメヌメを必死に取る。いつの間にか朝九時をすぎていた。酒が抜けず、目が回ったが僕は床を擦り続けた。

すべてはおばあちゃんのため。

僕の祖父母で生き残っているのは、今日来る母方の祖母のみである。

あと何年おばあちゃんは生きられるだろう。あと何回おばあちゃんと会えるのだろう。きっとそう多くはないはずだ。だから僕はおばあちゃんと会えるその一回一回を大切にしたい。用事よりもおばあちゃんを優先するし、アレルギーのきゅうりだって、おばあちゃんが喜んでくれるのなら食べよう。

そう思いながら僕は台拭きで床を擦り続けた。そしてようやく床のヌメヌメは消えた。これでおばあちゃんが滑って転ぶ心配はない。台拭きはすべて使えなくなってしまったが、おばあちゃんのためならなんでもない。また買い直せばいい。

仮眠をとり、十二時にちょうどなった瞬間にインターホンが鳴った。画面に映るのはしわしわのおばあちゃん。そんな身体なのに孫を心配して来てくれてありがとう。

僕はおばあちゃんを家に入れた。

家に入るなりおばあちゃんは孫の家を掃除したくてしょうがない様子だった。おばあちゃんが掃除できる分のゴミをあえて残しておいてよかった。

するとキッチンに立ったおばあちゃんが言った。

「何この家、台拭きが一枚もないじゃない。本当に生活力のない子ね、情けない」

長生きしろよ！！！！！！

◎頑固親父と頑固ばあさんに挟まれて

僕は父が苦手だ。

とにかく学歴厨で、高学歴至上主義の権化である。

決して暴力を振るうようなことはしないが、幼い頃から我々三兄弟は父の思想の強さに敵う気がしなかった。

高校時代の僕は、この父から逃げることのみを目標に受験勉強に取り組んでいたところがあった。

兄弟の誰かが受験期になると、我が家は冷戦時代のアメリカとソ連が同じ食卓についているような、とてつもない雰囲気になる。

子どもの進路を悉《ことごと》く否定する父と同じ空気を吸いながら勉強はできないと考え、大切な時期は母方の祖父母の家に逃げ込み、そこで合宿のように勉強するというのが、我々三兄弟の通過儀礼であった。

僕が祖父母の家に行ったのは高三の夏。一年ほど前に母が亡くなり、飼っていた猫も亡くなり、僕は不登校で成績がオール一と、毎日がお通夜のような生活だったので、受験関係なしに家を出られたのは僕にとって救いだった。

ちなみに僕が祖父母の家に来た一、二か月後、祖父が亡くなった。「まさか僕って死神の類？」と思ったのも懐かしい受験期の思い出である。

ここまで書くと、僕の人生における敵は父で、祖母が我々三兄弟にとっての救世主だと受け取られるであろうが、正直、恩を仇で返すようで申し訳ないが、ここで言わせていただく。

父と祖母はとてもよく似ている。

この一文を読んで、きっと祖母はひっくり返るであろう。おばあさま、僕のお父さん嫌いだもんね。あなたが病気の母の代弁者となって父と行《おこな》った話し合いで、父から「それ以上うるさいと離婚だ！」と叫ばれていた地獄みたいな喧嘩、僕、全然聞いてましたからね?

これを読んでるそこのお父さんお母さん。あなたたちが隠れてしてる喧嘩、子どもは気づいています。


父と祖母のどこが似ているのか。学歴厨のところか。

祖母はそこまでの学歴厨ではない。ただ一度、エスカレーター式に女子大まで行ける女子中に行った近所の子が、途中で反抗してそのエスカレーターを降り、共学の大学へ行った話を僕にしてきた。僕は別にいいじゃないかと思ったが、祖母はとても可哀想で馬鹿な選択をしたと決めつけているような口調で、その時、僕は「あ、嫌だな」と思った。


その他、父と祖母の共通点は、絶対に自分の意見を曲げないところである。自分の価値観以外の価値観を、もう自分の中に取り込むことをしないライフステージなんだろうか。

祖母頑固エピソードは腐るほどあって、列挙したらきりがないが、直近でびっくりしたのが、僕が祖母の作ったきゅうりを食べてアレルギー反応を起こした時のことである。その時「僕きゅうりアレルギーだからもう持ってこないで」と言ったのだが、翌月「私のだったら食べれるわよ〜」とまたきゅうりを持ってきた。

殺されるのかと思った。

父は僕らの意見を聞くと悉く否定し、祖母はとても悲しんだ。そして、「子どもが傾倒しているその思想からいち早く助け出さなくては」みたいな姿勢になった。まるで、こっちが可哀想な子で悪いことをしているような気持ちにさせられた。

僕は三兄弟の中で一番夢見がちだった。父や祖母が期待するような会社員には絶対にならないと思っていたし、高校生の時からユーチューバーという突拍子もない職業になることは決めていた。

でも絶対それを父と祖母には言わなかった。否定されるのもキツイし、悲しまれるのが本当にむかつくからだ。

頑固親父と頑固ばあさんの二大巨頭に挟まれる生活だったので、僕は自分の将来を誰かに相談することが今でも得意ではない。否定され、悲しまれ、失望されると思ってしまうから。

でも、そもそも相談する必要ってあるのかな、とも思う。

このエッセイを読んでいるみなさんにも、親に言えない夢があるのではないか？

でも僕は思う。

そもそも親に言う必要ってある？　こそこそしちゃダメなの？

僕は高校時代、祖母に「作家になりたい」と相談してしまったことがある。当然祖母は渋面を作り、涙を流しそうなほど悲しんだ。自分の進路を前もって親や祖父母に相談することは、礼儀のように見えて、覚悟の決まっていない自分のケツを叩いてほしいという一種の甘えなのではないだろうか。

僕は小説を一本も書いていない状態で祖母に「作家になりたい」と相談した。その理由はきっと、もしかしたらポジティブに受け取って応援してくれるかもしれない。

自分でも自分の夢を「あ。やっぱ目指していい健全な夢なんだ」と思い直せるかもしれないと思ったから。

でも実際は悲しまれた。

僕は思う。夢の相談なんて親にするもんじゃない。

これは親を無視しろなんて反抗期じみた話ではなく「夢がまだ夢でしかない段階の時はこそこそと夢を一人で追いかけ、その夢が形になり生計を立てられる目処がたった時に、実は今これやってますと報告する」ってことである。

夢の事後報告推奨派のナナオです。

夢が叶う前に、事前に親に相談してしまうのって、子ども側の弱さのように思える。自分の夢が健全なのか自信がなく、親の顔色の変化に頼って、ふわふわした自分を固めてもらう。そんな甘え。

でもですよ。夢がまだ芽も出てない荒唐無稽の状態だったら、誰だって渋い顔はしますよ。

僕は親に「〜になりたい」とは絶対に相談しないと決めた。ある程度その夢での生活の目処がついた時、その証明（確定申告書や通帳とか）を持って「〜になりました」と事後報告する。ユーチューバーになった時もそうだ。

「ユーチューバーになりたいんだ」なんて父や祖母に言ったら、決して認めてはくれなかっただろう。「なりたい」ではなく、ただできる限りの安心材料を揃えてから「なりました」と言うだけ。

父と祖母。二人には感謝していますが、きっとこれからも、僕はあなた方に人生相談をすることはないでしょう。

きっと急に仕事を変えるし、きっと急に結婚するし、きっと急に離婚する。

でもその「急」な感じは、頑固なあなた方二人の元で育った僕なりの「強さ」だと思うので、どうか安心して見守っていてくれると嬉しいです。

（第４章）やらかしエブリデイ〈日常編〉

◎神に愛されしナナオ

僕の動画を見ている方はもしかしたら、僕のことを不幸体質の人間だと思っているかもしれない。

1時間チャリを漕いでいただけで、四人と一匹を殺しかけて二回死にかけたり、オシャレして中目黒を歩いていたらボヤ騒ぎが起きて自転車に轢かれかけた挙句、「きめえ!」と怒鳴られたり、いろんなユーチューバーが連日出演する屋外でのイベントで僕の日だけ災害レベルのゲリラ豪雨に見舞われたり、三日に一度は職質されたりと、動画で語ってることだけでもよく、「人が一生かけて被る不幸を一日で経験している」などとコメントされるが、正直僕は超幸運体質である。

こういった不幸を動画で話して金に換えられていることも含め、僕は幸運である。

僕は人生であまり苦労をしたことがない。お金のありすぎる家でもなさすぎる家でもない、平均より上ってくらいの非常にちょうどいい家庭。

厳しいが仕事で家にいない父。優しくて常に家にいる母。人生の参考資料（姉と兄）が二人。買ってもらえないものは何もなかった。この家族ガチャに成功している時点で人生のスタートダッシュはできていた。


僕は人見知り、というか、人間の会話のテンポに付いていけないところがあったので、自力で友達を作れた経験がない。

しかし、中学校の時のスクールカーストでは一番下になることはあまりなかった。なぜならいつも僕の席の近くに、そのクラスのボスがいたからだ。席が近いから班行動は自然と一緒になり、そのボスの「いつメン」みたいな雰囲気になり、いつの間にかクラスの中心にさりげなくいられた。

僕が陸上部に入った年、厳しすぎる指導で有名だった陸上部の顧問が定年退職で学校を去った。

合唱コンクールの伴奏者のオーディションで僕のライバルだった女の子が、オーディション前にバスケの授業で突き指をした。

「あれ？　しょーもなくね？」と思ったそこの君。安心してください、まだまだあります。ただあまりに不謹慎ゆえに書くかどうか、今とてもビビっているのです。

高校生の時、僕にはコンプレックスがあった。それは恵まれすぎていたことだ。恵まれすぎて、「なんでそんな恵まれているのにこんなこともできないの？」と思われていないか毎日不安だった。よその家の子は「恵まれていないから」っていう言い訳が使えていいな～とずっと思っていた。

そんな時、母が病気で亡くなった。

母の死が悲しくなかったわけではない。しかし、闘病の年月が長かったから、心の準備はできていた。加えて家事をしない母だったので、母が亡くなることで我々家族の生活が大きく崩れるようなこともなかった。

しかし、僕の周りの人は僕を「若くして母を亡くした可哀想な子」として見た。

昔から同情されない人生だった。アニメやドラマで出てくる、同情されることに嫌悪感を示すキャラに共感ができなかった。なぜなら僕の人生は恵まれすぎていて、同情されることがなかったから。

しかし、母が亡くなって、僕は初めて劇的な同情を受けた。不登校の不真面目な生徒だったが、母が亡くなったことで先生は多くの優遇措置を施してくれた。多くのわがままが通った。「お母さんを亡くしたばかりなのに、そんなに勉強して偉いね」なんて言ってもらえた。

母が亡くなったところで、僕の生活も心も大して揺らいではいないというのに。

高校三年生の夏、受験勉強に専念するために祖父母の家に居候することになった。季節は夏で冷房がないと勉強に集中できないどころか、寝ることもできないような暑さであった。しかし、僕の部屋となる予定の二階で冷房をつけると、室外機の音で一階で寝る祖父がブチギレるらしかった。

そんな話を僕は兄から聞いていた。兄も僕が居候する一年前に、同じように祖父母の家に居候していたが、神経質な祖父に度々怒られたらしい。

それを覚悟して僕は祖父母の家での居候を決めた。そして居候して一、二か月後、祖父が病気で亡くなった。エアコンが使い放題になった。

「私、晴れ女なの〜」とか言いだす、自分に天候を操る力があると勘違いしてる痛い女みたいな発言に聞こえるかもしれないが、この時あたりから僕は、「なんだか周りの人を不幸にして自分だけ幸福になっているような感覚」があった。

加えて、周りの人にとっての不幸が自分にとっての幸福になっている、幸福だと思ってしまう自分に罪の意識のようなものが生まれた。

最近、僕の周りの人を不幸にしたこと、コロナ禍なんかもそうだ。

多くの命を奪い、医療従事者の方々を疲弊させ、世界を暗澹たる空気に変えたコロナ禍も、僕にとっては幸運に働いた。

元々外に出たり、飲みに行ったりしない生活をしていた。加えて就職活動もせずにユーチューバーとしての活動を始めた。周りの同級生が就活をしている中、登録者数百人も到達せずにいた僕は不安でいっぱいだった。社会人になるまでのタイムリミットは迫っている。アルバイトで食いつなぎながらユーチューブをやるという選択は僕にはできなかった。

だから大学生のうちにユーチューバーとして生計を立てられなければ、就活をしないといけない。一度ユーチューブを切り上げて、就活したほうがいいかもしれないと何度も思った。

しかしコロナ禍が日本中の就活をストップさせた。そのおかげで僕は心置きなくユーチューブ活動に専念できた。加えておうち時間が増えて、国中、世界中の人が「鬼滅の刃」をはじめとするアニメなどのサブカルチャーに触れるようになり、アニメ、オタク系の動画を主に投稿していた僕のチャンネルはどんどん成長し、一か月ほどで収益化できた。

今にして思えば、僕がユーチューブ活動を始めるタイミングも本当に完璧だったと思う。ユーチューバーの悪口を言うことを専門とするユーチューバーがほぼいなくなり、「低評価」の数が可視化されなくなり、「ショート動画」という登録者数を凄まじい速度で増やせるコンテンツが生まれた。

そういったユーチューバーが活動しやすい土壌みたいなものが、僕がユーチューブを本格始動させた大学四年のあたりにちょうど完成した。

まるで世界が僕の人生にテンポを合わせてくれているように思えた。


僕は本当に、神様に贔屓《ひいき》されているとしか思えないほど幸運であると自負している。それは僕が自分に降りかかった不幸を不幸だと認識していないだけかもしれないが、今の僕は、自分が幸運すぎることに罪悪感を抱くほどに幸運だ。


僕はなぜこんなにも幸運に生まれたのか。疑問に思った時、鬼滅の刃の煉獄杏寿郎の母、煉獄瑠火のセリフが頭をよぎった。

まさかの登場人物である。煉獄さんもびっくり。

煉獄瑠火は息子である杏寿郎にこのようなことを言っていた。「なぜあなたは人より強く生まれたのか、それはあなたが人を守るためだ。私腹を肥やすために自分の強さを使ってはいけない」と。確かこんな感じ。

僕は自分の幸運を、自分の私福を肥やすために使ってはいけない。周りにも分け与えるんだ！　そう煉獄ナナオは気づいた（正気）。

運柱、藤原七瀬。運の呼吸、壱の型『ロト6』！

で、みんなに僕の幸運を分け与えていきたいと思います。

　ということで僕酒乱なんですけど。

　献血断れなくて致死量の血抜かれた？　と思われるほど肌が青白くガリガリな僕の容姿的に意外に思われるが、僕はとんでもなく酒が好きだ。二十歳になってからの五年間で、酒を一滴も飲まなかった日はきっと両手の指をちょっと超える程度にしかない。

　なぜ僕はこんなにも酒が好きなのか。そういう家系だったのか？　いや違う。

　僕は三兄弟なのだが、その中で酒が飲めるのは末っ子の僕だけだ。他二人はアルコール度数３％のチューハイ一缶すら、まるでゴキブリを見るような目で見るほど酒が飲めない。

　余談だが、身長も僕だけ兄や同世代の従兄弟より十センチほど高い。

とまあ、僕が川で拾われた疑惑が出たところですが。

僕が酒を飲むようになった理由はただ一つ。寝るためだ。

元々あまり疲れることをしないうえにじっとしていることができない性質、そして何より「オバケ怖くな〜い？」という理由で、僕はあまり眠ることが得意でなかった。しかし酒を飲めば驚くほど眠れた。このために僕はほぼ毎日酒を飲み、飲まないと眠り方がわからない人間となった。

少し体調を崩し、医者に禁酒を命じられた時、久々に酒を飲まず、明瞭な意識のままベッドに入った。そしたらもう進撃の巨人第1話ですよ。

「その日、ナナオは思い出した。オバケの気配を感じる恐怖を。アルコールの中に囚われていた屈辱を」

元来オバケ怖い勢であったことを忘れるほど、僕は何年も酒に守られる日々を送っていたのだ。ウォール・アルコール度数9％である。

しかし僕は大学でろくに友達も作らなかったので、いわゆる「飲み会」というものに参加した経験は皆無であった。

夜、もっぱら一人で映画を見ながら酒を流し込み寝落ちし、朝起きた時には映画の内容を何も覚えていない、という有意義なのかそうでないのかわからない生活を送っていた。

だからか、自分が酒を飲んだらどういう人間になるのか、というのがずっとわからずにいた。


ここで、東京にきてＵＵＭ株式会社という飲みサー出身者のみで構成された会社で飲み会に数回参加し、また某アイドル行きつけと噂のバーに通いつめるという、ミーハー地雷女のような生活を続けることでわかったナナオの酒による変貌を、会員制バーでの大失態とともに紹介していきたい。


某日、ナナオマネージャー、通称「実家太美」と飲んでいた時、彼女からタレコミがあった。

「ここのバー、某アイドル来るらしいっすよ」

アイドルが好き、芸能人が好きを超えて、もはや有名人が好き、というミーハー日本代表の僕は即「行こう！」と言った。

しかし実家太美は普通に帰った。紹介しといて帰るな。

実家太美とすでに飲んでいた僕はまだ飲み足らず、そのバーの入り口まで行ってみることにした。六本木の雑居ビルである。

ここからが怖い話である。

その怪しげなビルの入り口に入った瞬間から、僕の記憶は消えていた。

気づいた時には自宅のベッドの上、枕には少量の寝ゲロ。

「え、転生した？」と結構真剣に思った。あのビルの入り口で何者かに殺された僕は昨日に戻って、再びあのビルへ行き、犯人と戦う運命を背負ってしまった。

Ne：ゲロから始まる異世界生活である。

ナナオ・スバルはすぐにスマホを開く。画面にはＬＩＮＥの通知が。串カツ田中の公式LINEからしかLINEが来ないでお馴染みの僕のLINEに、見知らぬ男からのメッセージ。

「1周目の僕を殺した犯人か……!」

メッセージの前に大量の写真が送られていた。恐る恐る開いて見ると、なんと見知らぬ男と仲睦まじげに肩組んでウインクしている僕の浮かれた自撮りが十枚。

あらやだ。あたちバーではしゃいで飲み潰れたんだわ!

LINEのメッセージには「ナナちゃん(小生である)おはよー。昨日は楽しかったね〜。三十日も楽しみにしてるねー」。

あらやだ。あたち次の飲みの約束まで交わしてるわ!

これが外で酒を飲むことで発覚した、ナナオの酒での変貌である。

酒乱ナナオ、第一形態。コミュ力の異常な上昇。

ちなみに言っておくと、僕は酒で記憶をよくなくす。やろうと思えばビール三杯くらいでその飲み会の記憶をあやふやにできる。元々僕は何かを覚えようとする意思が薄弱であり、故に記憶ない＝「ナナオさん飲みすぎですよ～」では決してないことだけは留意していただきたい。

記憶なくしすぎて「そういうラブコメのヒロイン？」って思う時もあります。「明日にはあなたとのこの出会いも忘れちゃうの！」じゃないのよ。

Ne：ゲロから始まる異世界生活、第二夜。

約束の三十日はすぐにきた。
スマホを見ると、例のバーの男からＬＩＮＥが来ていた。
「今日楽しみにしてるねー」

あらやだ。逃げられないわ。

すぐに元凶である実家太美にそのＬＩＮＥを見せた。

「あんたが勧めた店に血迷って行って、なんかはしゃいじゃって今日も行くことになったんだけど。責任とってあんたも来い」

パワハラとアルハラのダブルパンチに苦笑いを浮かべる実家太美（新卒）。

ちなみに僕自身が約束しちゃったから嫌々でも行かなきゃみたいな言い草だが、正直めっちゃ行きたかった。記憶は朧げだが確かに楽しかったし、行けば消えた記憶も蘇るかもしれない。それに酒が飲みてえ。

そうして僕と実家太美（新卒）は景気付けをするため居酒屋で何杯か飲んだ後、一周目の僕が死んだバーへと向かった。

六本木の雑居ビルに一歩足を踏み入れた。

前回の僕の記憶はここで消えている。思わず固唾を呑む。もうここで死ぬわけにはいかない！
あまりにも怖かった。エレベーターは信じられないほど小さく、どの階にも人を殺める経験をした人間以外は入ることを禁ずる！　といったようなオーラを感じた。
「今日を生き抜いて、明日を迎えようね、実家太美！」（言ってない）
「はい！　私が命に代えても、ナナオさんを守ります！」（言ってない）
そして例のバーがある階に着き、その扉を目の前にした時、僕は恐怖で膝から崩れ落ちた。
一周目の僕を殺したとされるそのバーの扉にはこう書かれていた。

会員制。

か、か、か、か……会員制？
あたちジムの会員にもなったことありませんけど！

一周目の僕は非会員にもかかわらず、その扉をアホヅラこいて開き、侵入したことになる。

「そりゃあ……殺されて当然か」

そう恥じていた時、実家太美（実家暮らし）が口を開く。

「会員制のバーに非会員にもかかわらず入れるなんて、一周目のナナオさん、凄すぎます！」

そんなことを彼女が本当に言ってくれたのか、言わなかったのか（もちろん言ってない）はわからないが、そんな声を僕は彼女の目から感じ、もうヤケだ！　とその扉を再び開いた。

ピンク色の壁紙に囲まれた内装。壁には「六本木」という文字がデカデカと描かれ、K—POP音楽がけたたましく流れていた。

バーカウンターに座っていた男が、僕の顔を見るなりとびきりの笑顔で迎えた。

「来たなナナちゃん！」

誰やねん。

一周目の僕は、どうやらこの男に自分のことを「ナナちゃんと呼んで！」と言ったらしい。殺してくれてどうもありがとうございます。

バーカウンターの中にはもう一人、女性の従業員。彼女も僕を「ナナちゃん」と呼んだ。一周目の僕はどうやらこのバーで完全無欠のアイドル様だったようだ。

僕が二周目の人間であることをここの店員さん達に気づかれるわけにはいかない。

「お久しぶりです。でも正直、前回の記憶があまりなくて。前回僕ご迷惑とかおかけしませんでした？」

人当たりのいい男が笑顔で答える。

「全然。閉店まで楽しく歌ったよ」

入店時間は確か夜十時。このバーの閉店時間は調べたところ朝五時。


一周目の僕、お前……粘ったんだな……。

女性従業員が笑顔で店の壁を指さした。そこにはこのバーに来たであろう著名人達のサインが書かれていた。

まさか！

「ほらあそこ、ナナちゃんのサインあるよ」

僕は再び膝から崩れ落ちた。その店の壁の、割と中心にデカデカと僕の直筆サインが書かれていた。そのサインを見てまるで僕は走馬灯を見るように一周目の人生での記憶が呼び起こされた。

このバーは店のトップ（僕をナナちゃんと呼ぶ男）を「代表」とホストみの強い呼び方をすること。もう一人のメガネをかけた天真爛漫な笑顔で僕を迎えてくれた女性従業員さんは、バーカウンターの裏にスタバのフラペチーノを隠し持っていること（以下フラペチーノネキ）。一周目の時、店に入る勇気がなかった僕は「友達に呼ばれて～。この店で待ち合わせと言われたんですけど、来てます？」という謎の体裁でこの会員制バーに入店したこと。店にいた客は僕だけでカラオケを独占してアイドルをしていたこと。途中で地雷女っぽい客が入ってきてテキーラを飲まされたこと。その地雷女が帰った後も僕は店に残り続け、「友達と待ち合わせがある」という設定を忘れて一人完全無欠のアイドルを続けたこと。

某アイドル行きつけと噂の会員制のバーに非会員のくせに単独で乗り込み。その店の壁に自分のサインを書いたと思ったら朝まで従業員とカラオケをする。

神よ。なぜ僕に二周目の人生なんてお与えになったんだ。こんな黒歴史を背負ってまで生きなければならないなら、僕は二周目の人生なんて欲しくなかった！

と、記憶が戻ったところで酒が飲みたくなった僕は、早々にカウンター席に着いてハイボールを注文した。

二周目のバーには、一周目とは違う点があることに僕は気づいた。それは見習いの男性従業員が二人いたことだ。

一人はコムデギャルソンのシャツを着た国立大学生。「学生はバーなんて来てねえで二郎系食って寝てろ」と口から出かけたが、また殺されそうなのでやめておいた。

二人目が無口なイケメンである。「バーのバイトで無口って何？　舐めてんの？」と口から出かけたが、また殺されそうなのでやめておいた。

酒が進みシャンパンを空け、無口なイケメンと実家太美（彼氏持ち）がいい感じの雰囲気になりＬＩＮＥを交換し出した時、新たな客が入ってきた。スーツを着たおじさんである。そのおじさんを見て僕（泥酔）は衝撃を受けた。

窪田正孝だ……。

後に実家太美に聞いたところ、どこも窪田正孝ではない普通のおっさんであったようだが、当時の僕（乱視）は彼が窪田正孝に見えてしょうがなかった。

笑った時の目尻のしわに鋭い八重歯……はい、好きです。

無口なイケメンを実家太美にぶん投げて、僕はカウンター席を下品に移動し、窪田正孝の隣に座った。

「こんばんは。ナナオと申します」

「あ、はあ」

「正孝さんは……あ、違う。お兄さんは何を歌われるんですか？」

「君、若いからおじさんの知ってる曲わからないでしょ～」

「いや、意外と自分守備範囲広いんですよー」


酒乱ナナオ、第二形態。キャバ嬢になる。


アニソンなら守備範囲の広い僕は、おじさんとのカラオケで一番盛り上がる定番曲、スラムダンクの「世界が終るまでは…」を選び、正孝に感心された。あの時の「いいね」と笑った正孝の顔は今でも忘れられない、とここまで書いて思った。

忘れたわ。


カラオケも盛り上がり、無口なイケメンと実家太美（彼氏持ち）が「コンビニでアイス買って来る～」とかいう舐めた理由で店を出て、ホテルへしけこんだ疑惑が浮上したところで、僕は正孝の腕に目がいった。

銀色に輝く腕時計である。

「正孝さんいい時計つけてるね。ポール・スミスだ」

「いえいえ、これは全然安物ですよー」

「へえ〜安物なんだ〜。じゃあさ……お願いなんだけど……」

「なに？」

「ちょうだい？」


酒乱ナナオ、第三形態。泥棒。


僕はどうやら酔った時、よそ様の腕時計を撫でくりまわし、終いには「ちょうだい？」と懇願するようだ。

そして怖いことにその「ちょうだい？」は意外と成功率が高い。過去にも僕は泥酔しておじさんから高級なライターやアイコス、スニーカーなどをいただき、翌日土下座しながら返すという経験をしたことがある。

俗に言う、おねがいナナメロディーである。

高級なライターって何？

すると、正孝はなんと腕時計を外し、それを僕の腕に巻いてくれた。結婚である。無口なイケメンと実家太美が長時間帰ってこないもんですから、「マジでホテル行った？」とみんなでキャッキャしていた時、二人はコンビニで買ったピノを食べながら普通に帰ってきた。興醒めである。

朝四時をすぎ、ベロベロになりながら窪田正孝からもらったポール・スミスをベロベロしていた僕は（冗談です）、さらに盛り上がるかと思いきや、悲しいことに別の方向性の形態へと進化する。

酒乱ナナオ、第四形態。しっかり者。

さっきまで一緒にベロベロになっていたはずの人が、会計になった瞬間切り替えてまともになってる姿、かっこよくない？　はしゃぐ時ははしゃぎ、会が終わったら店に迷惑をかけないように切り替える。

酒乱ナナオの後半の形態は、このモードに切り替わるのだ。カラオケ機材を率先して片付け、スマートにお会計を済ませ、そしてポール・スミスを盗むという行為は飲み会のノリであり、会が終わったらしっかり返す（当たり前）。

僕はポール・スミスを正孝に返してしまった。

今でも後悔している。ちゃんと奪っておけば後日、謝罪と称して再会の機会を得られたというのに。

と、Ne：ゲロから始まる異世界生活の二周目は、この後悔で幕を閉じた。つづく。

◎Ne：ゲロから始まる異世界生活、三周目

異世界生活三周目の機会は、その二週間後くらいに訪れた。

半年に一回しか発動しない僕のＬＩＮＥに通知がきて「田中（串カツ田中）か？」と思い開いてみると、バーの店主。

「ナナちゃん飲も～」

ＬＩＮＥ友達が串カツ田中ともう一人増えたことの喜びで僕は即ＯＫした。一周目の僕は「完全無欠のアイドル」、二周目の僕は「キャバ嬢に窃盗犯にしっかり者の多重人格」。こんなにも迷惑をかけたのにまた誘ってくれたことの喜びで僕はすぐにクレカの上限金額を確認した。

続け様にメッセージが届いた。

「ナナちゃんＰＳ４のコントローラー余ってたりしない？」

「ありますけど」

「店のが壊れちゃってさ。よかったら一台くれない」

なんだ……あたちじゃなくてあたちのコントローラーが目当てだったのね。二人はそういうさっぱりした関係。気持ちなんて関係ないんだ。

都合のいい男じゃないんだから！　そんなふうに思いながらクレカがまだ今月百万ほど使えることを確認し、本当は一台しかなかったコントローラーをPS4から引きちぎるように抜き、鞄に詰めた。

「絶対、幸せになってやるんだから！」

とんだホス狂いである。


三周目のバーには団体の先客がいた。明らかに社長然とした男と、その部下と思わしき浅黒く眼鏡をかけたイカついガタイの男二人。

僕はこの二人は双子だと確信した（違った）。

社長一人に巨体の双子……ドラクエのボス戦かよ！　とバーに緊張感が走った。

そのドラクエのボスと中ボスの三人に、一人ずつ女性が付いている光景に、「こ、これが港区……」と僕は思わず後ずさる。

ＰＳ４を店主に渡したホス狂いナナオは、その団体客を眺めながらハイボールを体に流し込んだ。テーブル席で社長が誰も知らない古い曲を歌い、お付きの女性が「何これ？」みたいな顔を必死に隠した笑顔で手拍子をする。その女性に僕はカウンター席から感嘆の証に手拍子を送る。双子（違う）が誰も知らない英語の歌をデュエットで歌い出した時は、笑いを堪えるのに必死だった。

「何？　仲間の攻撃力上げるバフかけてるの？」と思わずにはいられなかった。

どうやらその日はその社長さんの誕生日だったらしく、僕のコントローラー目当ての店主がサプライズでホールのチーズケーキを出した。隣のえっちな格好をしたお姉さんにチーズケーキをあーんされるその社長の左薬指には当然指輪があり、再び僕は「こ、これが港区……」と固唾を呑んだ。

その時、中ボスの双子を倒してもいない僕に、社長が直々に声をかけてきた。

「君もいるかい？」
社長の歌を部下でもないのに手拍子で盛り上げる僕を、社長は認識してくれていたのだ。「盛り上げてくれてありがとう、そのお礼だ」と、社長は自分の誕生日ケーキを僕に分けてくれた。僕はそれが嬉しくて「ありがとうございます！」と言いながら大嫌いなチーズケーキを受け取った。

ハイボールにも飽き、シャンパンをボトルで注文し、フラペチーノネキがシャンパングラスに箸を突っ込み全力でかき混ぜて、生産者様が必死こいて作ったシャンパンの泡を抜きまくっている姿に「こ、これが港区……」と恐怖した時、社長さんがご帰宅あそばされた。中ボスの双子（違う）も帰るかと思ったが、なんと片割れ一人だけが歌い足らなかったのか残った。その時ようやく僕は「お前ら双子じゃなかったんかい」と関西人顔負けのツッコミを披露した。

女性も全員帰ったかと思ったら、なんと一人、社長さんの横に付いていたパツパツの黒いミニスカワンピを着ていたお姉さんが僕の隣のカウンター席に座った。

「君可愛いね～」

女版・藤森慎吾であった。

そのえっちなお姉さんは至近距離で僕に向かって催眠術のように「可愛いね」と言い続けた。

僕が可愛いわけがないのだ。飛行機も離着陸できるんじゃないかってくらい長い人中に、奥歯一本腐ってる僕が可愛いわけがない。なのにこのえっちなお姉さんは僕に「可愛いね」と言い続けた。


えっちだ……。


そんじょそこらの男なら即、「そうです、俺、可愛いんです。てかお姉さんも可愛いですね。ということで？」とかいうクソみたいなトークを三秒で終わらせ、ホテルへと駆け込むのだろうが。僕はそんなことはしない。

なぜなら酒が飲みたいから。

飲み会は酒を楽しむ場であって、決して女性とえっちなことをするための前座ではない。それが僕のポリシー。飲み会を開いた時「なんだ女いねえのかよ、つまんねえ」とか言いだす男は全員巻き爪になってしまえばいい。

僕は酒をただ楽しみたいのだ。だから飲みの場で己の性別の力を爆発させようとする人がいるととても萎える。

決してモテない男の言い訳ではない。

決して。

えっちなお姉さんは吐息がかかるほどの距離まで僕の顔に近づき（危ない！　僕奥歯一本腐ってる！）可愛い可愛いと連呼した。その時僕は前日に小顔ローラーをした際に、規格外の顔のデカさのせいでローラーが異常な圧力で僕の肉を挟み、顎に内出血が起こり、それを隠すため顎にマスクをつけていた。えっちなお姉さんはそのマスクを無遠慮に外し、僕の不名誉の内出血を指さし「可愛い」と言った。

ビンタしそうだった。

ちょっと帰ってほしいかもと思った僕は、フラペチーノネキにテキーラのショットを二杯頼み、そのえっちなお姉さんに飲ませた。お持ち帰りするためではない。さっさとゲロを吐かせて強制送還するためである。

しかし、港区の女は強かった。一度カウンター席から離れて双子の片割れ（なんでこいつまだいんの？）とカラオケを頼んでいた時である。なんとテキーラが入ったそのえっちなお姉さんはさらに乱れ、僕に駆け寄ってきたかと思ったら、僕の左膝に跨ってきたのである。

「こ、これが港区……！」

今高速で貧乏ゆすりしたらどうなるんだろう……。

なんて一瞬血迷ったが、すぐに僕は正気に戻り、「トイレ行ってきます」と言って逃げ、その道中でフラペチーノネキに「あの人帰らせてください！」と頼み込み、無事帰ってもらうことに成功した。

今にして思う……お前が帰れ。

第四形態（しっかり者ぶる）となり、閉店時間が近づいてきた頃、ついに僕は最終形態へと進化することになる。しっかり者であることをアピールするために他のお客さんがこぼした酒や氷を片付け、空いたグラスを下げ出す。

酒乱ナナオ、最終形態。店員。

酔ってませんよ、ケジメつけられてますよということをアピールしたいがために、僕は店員と化すのだ。これが本当に厄介。

普通の人間だったら、酔っていようが率先して片付けを手伝ってくれるなら迷惑ではないだろうが……。

ナナオだよ？

カフェでのバイト中、注文されたアイスコーヒーをお客様に持って行く途中に間違って全部飲んじゃう僕だよ？

そりゃミスを連発するわけですよ。ドジっ子メイドばりにグラス割るし、他のお客さんの会計金額を大声で叫ぶし、トイレが長い女性がいると吐いてるんじゃないかと気になり、女子トイレの扉に耳をつけたりするわけですよ。

店が閉店し、従業員たちが僕用のタクシーを探すために外まで付いてきてくれた時、フラペチーノネキの顔が曇っていることに気づいた。どうやら接客の仕方で不完全燃焼があったようだ。

店主が「あとで店で反省会だ」と言った時、最終形態の僕は「何？　僕も話聞くよ？」とほざきだし、閉店後、店内での従業員のみの反省会に参戦したのである。

店主「あそこ、もうちょっとできたよね〜」
フラペチーノネキ「はい、すみません」
ナナオ「店長ちょっと厳しくない？　彼女はよくやってたってー」
従業員二人「お前誰？」

その後どうやって帰ったのかは覚えていない。

朝、とんでもない吐き気と共に目覚め、その勘違い店員ムーブを思い出し、別の気持ち悪さで吐いた。
領収書を見ると会計金額に二十万と書いてあり、「家賃かよ」と呟きまた吐いた。

みなさんは酔うと、どのような人間になりますか？
キャバ嬢になりますか？　泥棒になりますか？　それとも店員になりますか？
お酒は節度を守って、楽しく、三万くらいで収まる量で飲みましょう。

◎推しができると推し化する

みなさんにとって推しとは何だろう。どういう感情が湧く対象だろう。「会いたい」「付き合いたい」「結婚したい」「ヤリたい」など、ひとえに推しと言っても個人によって抱く感情は様々だろう。「会いたい」程度の感情のオタクに対して、「結婚したい」という感情のオタクのほうが強いオタクである、みたいなマウントは本当にナンセンスだと思うが、その一方で同担のしょぼい推し活を見て「まだまだだね」なんて思ってしまう感情は僕にもわかる。

僕は女性アイドル男性アイドル、そもそもアイドルに留まらず俳優や芸人、ユーチューバーなど、有名人なら誰でも推しの対象になるミーハー日本代表である。しかしどの界隈を推しても、僕は彼らに貢ぐような推し活をしたことがほぼない。みんなと違ってお金があるというのに（失礼♪）。

みんなと違ってお金があるというのに、僕は握手会に行ったことがない。

みんなと違ってお金があるというのに、僕はライブなど、いわゆる現場というものに行ったことがほぼないし、あまり興味もない。

みんなと違ってお金があるというのに、僕はファンクラブなどに入ったこともない。

もっぱらテレビやユーチューブやティックトック、無料サイトに流れてくる推しを見て「おーん」と呟く、これのみの推し活を何年も続けている。

そんな推しの財布に何の貢献もしてない僕ですが、正直、北海道から沖縄まで遠征してライブに行くオタクや、グッズや総選挙に大金貢いでいるオタクや、推しがスキャンダルを起こした時にグッズをすべて焼却するオタクより、僕の推しへの感情のほうがデカいという自負がある。

推しに恋愛感情を抱いたことはない。推しに会いたいともそんなには思ったことがない。でも僕のほうが感情はデカい。

なぜなら僕は推しを見つけると「好き」を超えて、その人に「なりたい」と思ってしまうからだ。

僕は板野友美であり、山本彩であり、佐藤勝利であり、岩本照であり、窪田正孝であり、3時のヒロイン福田麻貴なのである。

愛の最大値は同一化である。なんて誰かが言ってた気がする。引用元不明の名言失礼。誰かググって。

僕は推しができるとその人になりたいと思うし、なりきってしまう。だから会いたいとか、お金を落とす存在ではないのである。

二〇一〇年六月九日。JCBホール。

僕はその日を決して忘れない。なぜならその日、僕がある総選挙で四位になったからだ。ギャルで女子のカリスマである僕はそんなに男受けはせず、大金を貢ぐ男ファンより、女性ファンが多かったため、総選挙では敦子や優子には届かないことはわかっていた。でもそんな僕が四位！

僕はステージで徳光さんから四位と刻まれた楯をいただき、ファンに向かって涙ながらに感謝を伝えた。僕にとって忘れられない日だ。

その日から僕のアイドル人生は多忙を極めた。ドラマにモデル活動に握手会。加えてグループで最初のソロデビュー。歌手になることが僕の昔からの夢であったからとても嬉しかった。

その年は僕本当に頑張ったと思う。知名度も上がったと思う。

そしてまた、総選挙の季節がやってきた。総選挙は僕たちにとってその一年の通知表だと秋元先生に言われた。僕は本当に今年、頑張った。

第三回総選挙は熾烈だった。なんと去年一位だった優子の得票数、三万千四百四十八票を今年は十一位の佐江の段階で、三万三千五百票と超えたのだ。僕のこめかみに汗が流れる。

大丈夫、私は女子のカリスマ。順位予想でも一位を狙えるという予想者も少なくなかった。

そんな時である。

「第八位、チームK、ナナオ！」

え？　準備していたよりも早い段階で名前を呼ばれ、僕は凍りついた。ただ耳からは徳光さんの威厳のある発声と、一位もいけるかもと予想された神セブンの一角、女子のカリスマナナオが、神セブンから落ち、八位になった衝撃による会場からの悲鳴のようなどよめきが轟いていた。

そんなはずがない。今年一年あんなに頑張ってきたのに。ソロデビューもして、なのに八位？　涙が溢れた僕は顔を洗うためにトイレへと走った。そして鏡を見た時である。

誰このマンボーフェイス。

このように、である。

僕は推しができるとその推しになってしまうのである。成り切って歌い踊り、悦に入ったところで鏡を見て、そのマンボーと酷似した顔の造形に膝から崩れ落ちる。この繰り返し、それが僕にとっての推し活である。

僕は第二回総選挙で四位に輝いた渋谷を沸かせる女子のカリスマギャルではない、川崎に住むマンボーみたいな顔をした中学生であった。


振り返ってみると僕は、推しから元気のようなものをもらったことがあまりないような気がする。

好きすぎて、憧れが強すぎて、なりたくなってしまい、でもなれないという絶望を突きつけてくる。それが僕にとっての推しである。

某アイドルグループの国宝級イケメンとされるセンターの子を推し始めた時、人類としての共通点が眼球の数だけであることに絶望し寝込んだこともある。


それに元来中毒になりやすい僕は、推しのコンテンツがあればすべて見るまで何も手につかなくなる。友人付き合いも勉強も仕事も、睡眠に至るまで。推しのバラエティ番組がサブスクで全話公開された日と三十九度の熱が出た日が被ってしまい、咳が止まらず寝なければいけないのに、その番組をすべて見切るまで寝られなくなった。

推しに殺されかけたのである。

そんじょそこらのオタクに僕がマウントとっちゃう気持ちもわかってほしい。なぜならこちとら推しに殺されかけてんだから。

僕にとって推し活はあまり有意義なこととは正直言えない。とにかく時間とメンタルを削られる。でも推さずにはいられないし、そんなに人を魅了する「有名人」という職業の人たちを僕はやはり尊敬してしまう。

今、僕はユーチューバーを職業としていて、こんな足生えたマンボーみたいな顔して言うのも恥ずかしいが、「推される側」になっているのではないだろうか。

足生えたマンボー（小生である）になりきり、でも足生えたマンボー（小生である）になれないことに絶望している人はいるだろうか。熱があるにもかかわらず、足生えたマンボー（小生である）の動画を見ることがやめられず、足生えたマンボー（小生である）に殺されかけた人はいるだろうか。

そんな人がいるのだとしたら、もしかしたら僕は、今までの人生で応援してきた推しに、少しでもなれたのかななんて、少し報われた気持ちになるのでした。

◎バディとナナオ

「嫌いなあいつの理想の死に方」

このエッセイを書くことが決まった時、タイトルはこれになるはずだった。僕が今までの人生で出会ってきたウザいやつ、そいつらの理想の死に方を妄想するエッセイ。それがこのエッセイの始まり。

執筆という作業が久しぶりであった僕は、まず手始めに、先代のバディである「地元さん」という方の理想の死に方をエッセイにしたためた。

ビビるくらい筆が走り、自分的には満足していたのだが、どうやら客観的に見たらあまりにも放送禁止用語的なものが多かった挙句にスベっていたらしく、担当編集者F氏にボツにされ、同時に「嫌いなあいつの理想の死に方」というタイトルもなかったことになった。

本当に地元さん、許せない。

そこで理想の死に方の妄想ではない方向で、ナナオとバディの関係について書いてみようと思う。

僕にとってバディとは、そもそもUUUMとは、という話になってくる。

僕が株価終わってるでお馴染みUUUMに入った理由は、「人と関わることをやめないため」である。

元々、勝手に動画を出せばお金が入ってくるユーチューバーという職業に「事務所」なんてものいらねえよと思っていたし、案件もそこまで求めていない。先輩ユーチューバーと親しくなりたいなんて思ったこともない。

ただ事務所、というものに入って、そこの人間と企画会議っぽい世間話をしたり、会食っぽい飲み会をしたりして、人と関わることがしたかった。高校時代に人間関係を諦め、逃げた僕にとってのリハビリの場所。それがUUUMだ。

株価終わってるくせにUUUMは思っていた以上に僕にポジティブな影響を与えてくれた。いい先輩と出会わせてくれたからでもない。案件をくれたからでもない。それは、ＵＵＭのバディが、ユーチューバーである僕をたてたてくれる形で接してくれるからだ。

普通の友達、クラスメイト、同僚とかだったら絶対に嫌われるであろうことを僕は歴代のバディに散々してきた。なのにあの方々は、バディという職業上、僕に対して優しく接してくれる。

これがもう、人間関係に失敗し、諦めてぼっちになることに逃げた僕にとって素晴らしいリハビリになった。


僕の二代目のバディである、通称地元さん（地元の友達に顔が似ていたため）は特にいいリハビリになった。僕と地元さんは自他共に認める「同じクラスにいたらお互い嫌いだったよね」という関係性であった。

僕は地元さんの、「学生時代UVERworldとかONE OK ROCKに感銘受けてたんだろうな」って感じの雰囲気が苦手だったし、地元さんもきっと価値観が女性寄りだからというだけで女子の味方ヅラして、女子とばっかりつるんでいる僕を気色悪いと思っていた。確実に同じクラスにいたら一言も口を利いていない。

しかし、バディとユーチューバーという立場では、価値観や性格が合わないからといって険悪になることはない。なぜならどんなに僕のことが嫌いでも、立場上バディは僕らユーチューバーに親身になってくれるから。

学生時代、絶対に仲良くならなかったであろう地元さんがバディになってから、二人で富士急ハイランドに行ったり（バスの席で地元さんは僕から遠く離れた）、二人で川下りに行ったり（地元さんはやらなかった）、二人で猫カフェに行ったりした（地元さんは離れたテーブルでずっとパソコン作業をしていた）。

学校じゃ絶対に仲良くなれなかった地元さんと、こんなに仲良くなれたことに僕は感動した。

次のバディ、通称・実家太美（実家が太いから）は、僕にとって初めての女性のバディであった。男嫌いであった僕は新しいバディが女性であることに安心したが、バディを組んで初めて、ある案件動画の件でまあまあ揉めた。いや、一方的に僕がブチギレた。案件動画の撮影でミスが発覚した際のメールの口調が「前もって言ったように」とか、「ここに記載されてるように」とか、いちいち「私はちゃんと説明責任果たしてますよ〜」的な文章をちりばめる。
最初はそのメールの感じが嫌で、しかもその不満を僕が動画で「あのクソ女が！」と叫び散らかしたせいで気まずかったが、バディとユーチューバーとしてしつこく会っていくうちに、お互いがアイドル好きであることやお互い同性が苦手なことなど、様々な共通点が見つかり仲良くなれた。
学校じゃ最初に揉めた段階で離れただろうが、実家太美とは一回揉めても関係を修復して仲良くなれたことに、僕は感動した。

他にもUUUMでいろんな大人の人に出会った。ヤクザさんという社員さんは僕とよく酒を飲んでくれる。年齢が離れているうえに顔が死ぬほど怖いのに、気軽に話せるようになった。ヤクザさんは男嫌いな僕に「オッサンと喋ることは得意」という能力に目覚めさせてくれた（アルコールが入ってる前提だが）。

仕事上僕に優しくしなければいけないバディに甘えている状態ではあるが、人間関係のリハビリとしてはちょうどいい。リハビリとしてUUUM株式会社以上に優秀な会社はないと思う。

しかし、本当にバディとの関係性は「友達」ではない、人間関係のリハビリ止まりなんだなと思って悲しくなる時がある。それはバディさんと仲良くなった気になればなるほど顕著になる。

バディは自分が他にどのユーチューバーを担当しているかなど、担当ユーチューバーに隠してることが多くある。

UUUMの事務所にはユーチューバーが入ってはいけない場所がある。

スラックというUUUMが使ってる連絡アプリは、バディと僕らユーチューバーのやりとりを上司が監視している。その上司からの監視を気にしているのか、バディの文章が定型文すぎて怖い時がある（特に実家太美な！）。

そして、絶対に敬語。

バディとの人間関係リハビリを続け、最近僕は仕事関係ではない友達というものを探す旅に一歩踏み出している。

そんなことができるようになったのはＵＵＵＭのおかげだし、歴代のバディのおかげである。

確実に事務所、というものの使い方を間違えているとは思うが、僕はＵＵＵＭ株式会社でリハビリをして、人間として成長したと思う。

もしかしたらこれから、仲良くなる段階を超えてしまい傲慢になり、バディさんを顎で使うような人間になるかもしれませんが、その時はどうか全然クビにしてください。

そして人間関係に臆病になったそこのあなた。株価は終わっているがぜひともＵＵＵＭ株式会社に入ることをお勧めする。

バディという名の優秀なカウンセラーが、あなたを待っています。

◎あとがき

本当にすみません！

このエッセイを書くにあたって、何度この言葉を使っただろうか。

このエッセイの始まりは二〇二三年の五月。ユーチューブ活動と執筆活動を同時並行で行ったことがない僕のために、担当編集者のF氏は余裕を持ったスケジュールを組んでくれた。

それに甘えたのである。僕は締切を破りに破りまくった。芥川賞を受賞した作家でもビンタされるわってくらい、締切を破った。

二週間に一回のペースで、できたエッセイを都度提出することになっていたが、気づけば四週間に一回、一本出せたら奇跡という舐めたペース。

「八月はユーチューブ毎日投稿したいので、エッセイ執筆は難しいかもしれません、本当にすみません」と言ったその月、僕はエッセイを一本も出さなかったうえで、ユーチューブの毎日投稿をしなかった。

出版の日程が近づいた十月。エッセイがとても遅れているというのに僕は友達の結婚式のオープニングムービーを作ることを安請け合いし、勝手に追い詰められたせいで、エッセイを出さないどころか、気まずいからとF氏を無視するようになった。

ちょっとしたいじめである。

同じく十月。エッセイの進捗状況を確認するためのウェブ会議を僕は寝過ごした。「本当にすみません！」と謝ったのち、会議の日程を改めた。

改めたその日はちょうどハロウィンだった。ハロウィンではしゃぐ人々を見てやろうと僕は家を出た。ウェブ会議はパソコンさえあればどこでもできる。

僕は渋谷のあるカフェのテラスでウェブ会議を行った。会議中コスプレをした外国人が陽気に「ウォーーーー！」と奇声を上げながら僕の背後を通り、F氏もバディもずっと苦笑いであった。

本当にすみません！

エッセイに書いたバーで出会った窪田正孝からポール・スミスの腕時計を後日ちゃんと奪った。

その窪田正孝が大阪へ転勤することになり、もう返すことはできなくなった。

本当にすみません！

すみませんといえば、僕のおばあさまについてである。僕のおばあさまは自分のことを動画などで語られることをとても嫌う。なのにエッセイの締切に追われるあまり僕はおばあさまの権利、尊厳を無視し書きまくった。

本当にすみません！

エッセイが遅れるたびに僕の代わりにF氏に謝りまくったであろうバディ、実家太美。本当にすみません。

僕は本を一冊出すたびにバディが替わる。そんな呪いみたいなものに巻き込んでしまったことも加えて、本当にすみません！

ナナオのエッセイ集『幸も不幸も最適量』、みなさんどうでしたでしょうか？　このエッセイを読んでみなさんは、僕のことを幸せだと思いましたか？　それとも不幸だと思いましたか？

このタイトルが決まった際、ユーチューバーのエッセイの割にあまりインパクトがないようで心配していましたが、あまりにちょうどいいなと今さらながら思っています（本当は違うタイトルが良かったなどと後になって動画でぐちぐち言って、本当にすみません！）。

恥の多い生涯を送ってきました。文才のない太宰治です。
好かれることもありましたが、嫌われることもありました。
天才だと言われることもありましたが、愚図だと言われることもありました。
死にたいな〜と思う時もありましたが、生きたいな〜と思う時もありました。

本書のタイトルは「誰の人生も幸せと不幸の量は同じなんだよ」という決めつけを

押し付けたいわけでは決してない。幸福が多い人もいるだろうし、不幸が多い人もいるだろう。

ただ、幸福な時に自分が不幸だった時のことを思い出し、勝って兜の緒を締められる人は強いなと思うし、あまりにも不幸で自暴自棄になっている時でも、周りにある小さな幸せを見つけられ、明るく感謝できる人にはいい出会いが寄ってくると思う。

僕の今までの人生には幸福が多かったのか不幸が多かったのかは正直わからない。でもそんな多寡を振り返り、計算してる暇があったら、「適量だったわ〜」と適当に判断し、ぱっぱぱと次の動画のネタを考えたい。

まえがきでみなさまに舐めた挑戦状めいたことを書いてしまったこと、本当にすみません。このエッセイを書くにあたり、本業である動画をストップさせてしまったことも本当にすみません。

このエッセイの不謹慎をみなさんは僕のように笑えましたか？　それとも「それはダメだよ」と怒れましたか？

このエッセイの「友達を切って天才になった」という部分をみなさんは信じました

か？　それとも負け惜しみだと呆れましたか？

このエッセイのテキトーに二分で書いた話が「ユーチューバーナナオの野望」であることに気づけましたか？　それとも「読書はデトックス」もまあまあテキトーじゃね？　と思いましたか？

このエッセイを読んでくださった人たちが、少しでもそういったことに気づき、自分なりに解釈し、影響を受けたことに責任を持てる大人になってくれることを、祈るばかりです。

最後になりますが、
本当にすみませんでした！

ナナオ

幸《こう》も不幸《ふこう》も最適量《さいてきりょう》
2024年3月14日　初版発行
2024年9月 5 日　4版発行

著　者：ナナオは立派《りっぱ》なユーチューバー（藤原七瀬《ふじわらななせ》）

発行者：山下直久

発　行：株式会社KADOKAWA
〒102-8177　東京都千代田区富士見2-13-3
電話0570-002-301（ナビダイヤル）

印刷所：大日本印刷株式会社

製本所：大日本印刷株式会社

ISBN 978-4-04-606779-1 C0095